工业和信息化高职高专
"十二五"规划教材立项项目

高等职业院校
机电类"十二五"规划教材

电子技术

（第2版）

Electronic Technique (2nd Edition)

◎ 赵景波 逄锦梅 主编
◎ 孙涛 吴德刚 陈乾辉 副主编

人民邮电出版社
北京

精品系列

图书在版编目（CIP）数据

电子技术 / 赵景波，逄锦梅主编. -- 2版. -- 北京：
人民邮电出版社，2015.8（2022.1重印）
高等职业院校机电类"十二五"规划教材
ISBN 978-7-115-38771-4

Ⅰ. ①电… Ⅱ. ①赵… ②逄… Ⅲ. ①电子技术－高
等职业教育－教材 Ⅳ. ①TN

中国版本图书馆CIP数据核字（2015）第069710号

内 容 提 要

全书以数字和模拟器件为主线，着重介绍了模拟电路和数字电路的实际应用，尽量简化理论计算和公式推导，突出实践教学。全书分 11 章，内容包括常用半导体器件的原理及应用，半导体器件构成的基本放大电路，集成运算放大电路及应用，直流稳压电源的原理及设计，数字电路的基础知识，逻辑门电路的基本知识，组合逻辑电路的分析、设计及常用组合逻辑器件，集成触发器原理及类型，时序逻辑电路分析及常用时序逻辑器件，555 定时器的原理及应用、A/D 和 D/A 转换器等。

本书可作为高职高专院校、高级技师学院的机械制造、机电类专业的教材，也可以作为工程技术人员的自学参考书。

◆ 主　编　赵景波　逄锦梅

副主编　孙　涛　吴德刚　陈乾辉

责任编辑　刘盛平

执行编辑　刘　佳

责任印制　杨林杰

◆ 人民邮电出版社出版发行　北京市丰台区成寿寺路 11 号

邮编 100164　电子邮件 315@ptpress.com.cn

网址 http://www.ptpress.com.cn

固安县铭成印刷有限公司印刷

◆ 开本：787×1092　1/16

印张：14.5　　　　　　2015 年 8 月第 2 版

字数：369 千字　　　　2022 年 1 月河北第 8 次印刷

定价：36.00 元

读者服务热线：（010）81055256　印装质量热线：（010）81055316
反盗版热线：（010）81055315

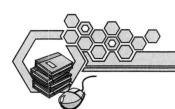

第 2 版前言

高等职业教育的培养目标是具备工程实践能力的一线工程技术人员。目前高等职业院校正在从教学方法上进行深入的改革,相应的教材等也需要进行适应性改革,以更实用的教学内容和更好的教学材料,提高学生的学习效果。据此,本书作者在广泛调研论证的基础上,历经一年多的时间,经过与多所高职院校教师的深入讨论,博采众长,最终编写成本书。

本书针对高职高专学生的学习特点,从工程应用的角度出发,在内容的选择和讲解方面,以当前高等职业院校学生就业技能实际需求,以及学生对相关知识点的实际接受能力为依据,努力体现针对性和实用性,以适应当前职业教育发展的需要。与目前教材市场上的其他同类教材相比,本书具有以下特点。

(1)内容适度、易懂。本书在内容取舍方面,一是基础理论以必需和够用为度;二是力求体现电子技术发展的最新情况。在进行理论分析时,简化理论推导,注重分析方法、结论及其应用。全书配有大量的示意图,让学生易学、易懂。

(2)注重实用性。为培养学生的动手能力和加强职业训练,本教材专门编写了实验和实训。通过实验、实训,一方面使学生搞清楚电子线路的原理,另一方面,强化学生对电子元器件和电子线路的感性认识。

(3)教材注意总结近年来的教学实践经验,重点加强了电子技术理论的应用和方法分析;同时也注意吸取国内外的先进技术,加强了线性集成电路和数字集成电路(包括中、大规模集成电路)的原理和应用方面的内容。

(4)各章均设有小结、练习题及习题,以指导学生学习和巩固所学知识,培养学生分析问题和解决问题的能力。

(5)素材丰富。本教材针对主要的知识点或较难理解的内容提供了丰富多彩的动画演示、视频录像及虚拟实验,这样可以提高课堂的教学效果,有效激发学生的学习兴趣。另外,为方便教师组织教学,本书还提供了相应的电子课件、题库系统以及习题答案,读者可登录人民邮电出版社教学服务与资源网(http://www.ptpedu.com.cn)下载。

本书的建议学时分配见下表。教师在讲授时,可根据实际情况作适当增减,实训和实验项目可根据实际条件选择安排。

学时分配建议表

内　　容	学时数	备　　注	内　　容	学时数	备　　注
第 1 章　常用半导体器件	12	实验和实训 2 学时	第 3 章　集成运算放大器	10	实验 2 学时
第 2 章　晶体管放大电路	10	实验和实训 2 学时	第 4 章　直流稳压电源	4	实验和实训 4 学时

续表

内　容	学时数	备　注	内　容	学时数	备　注
第 5 章　数字电路的基本知识	4		第 9 章　时序逻辑电路	8	实验和实训 4 学时
第 6 章　逻辑门电路	4	实验和实训 4 学时	第 10 章　555 定时器	8	实训 2 学时
第 7 章　组合逻辑电路	10	实验和实训 2 学时	第 11 章　D/A 与 A/D 转换器	4	
第 8 章　集成触发器	6	实验 2 学时			
总学时			80		

　　本书可供高等职业院校、高级技师学院的机械制造、数控技术、机电一体化、自动化等相关专业作为通用教材使用，也可作为工程技术人员岗前培训和自学参考教材。

　　本书由赵景波、逄锦梅任主编，由孙涛、吴德刚、陈乾辉任副主编，其中青岛理工大学赵景波编写了第 1 章；青岛求实职业技术学院逄锦梅编写了第 2 章；安徽粮食工程职业学院孙涛编写了第 3 章、第 4 章和第 5 章，商丘工学院吴德刚编写了第 6 章、第 9 章，商丘工学院陈乾辉编写了第 7 章、第 8 章、第 10 章和第 11 章。在编写过程中，得到了有关院校的大力支持与帮助，在此一并致谢！

　　由于编者水平有限，书中难免存在错误和不足之处，恳请广大读者批评指正。

编　者
2014 年 12 月

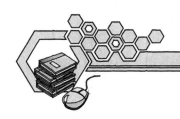

目　录

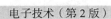

第1章

常用半导体器件

半导体器件是现代电子技术的重要组成部分，具有体积小、重量轻、使用寿命长、功率转换效率高等优点，因而得到了广泛应用。

本章学习目标

- 了解半导体的基本知识，理解 PN 结的单向导电性；
- 了解二极管的电路符号和特性，掌握二极管的应用，了解其他类型的二极管；
- 了解三极管的电路符号、放大作用、伏安特性及三极管的主要参数；
- 了解场效应管的结构、电路符号、伏安特性和主要参数，掌握场效应管的应用；
- 了解晶闸管的符号、原理及结构，掌握晶闸管的应用。

1.1 晶体二极管

晶体二极管是最简单的半导体器件，它用半导体材料制成，其主要特性是单向导电性。

1.1.1 半导体的基本知识

自然界中的物质按导电能力强弱的不同，可分为导体、绝缘体和半导体 3 大类。下面将介绍半导体的基本知识。

1. 半导体的定义及分类

半导体是导电能力介于导体和绝缘体之间的物质。常用的半导体材料有锗（Ge）、硅（Si）和砷（As）等。完全纯净的、不含杂质的半导体叫作本征半导体。如果在本征半导体中掺入其他元素，则称为杂质半导体。

本征半导体有两种导电的粒子，一种是带负电荷的自由电子，另一种是相当于带正电荷的粒子——空穴。自由电子和空穴在外电场的作用下都会定向移动形成电流，所以人们把它们统称为载流子。在本征半导体中，每产生一个自由电子，必然会有一个空穴出现，自由电子和空穴成对出现，这种物理现象称为本征激发，如图1-1所示。由于常温下本征激发产生的自由电子和空穴的数目很少，所以本征半导体的导电性能比较差。但当温度升高或光照增强时，本征半导体内的自由电子运动加剧，载流子数目增多，导电性能提高，这就是半导体的热敏特性和光敏特性；在本征半导体中掺入微量元素后，导电性能会大幅提高，这就是半导体的掺杂特性。在本征半导体中掺入不同的微量元素，就会得到导电性质不同的半导体材料。根据掺杂特性的不同，可制成两大类型的杂质半导体，即P型半导体和N型半导体。

（1）P型半导体

如果在本征半导体硅或锗的晶体中掺入微量三价元素硼（或镓、铟等），半导体内部空穴的数量将得到成千上万倍的增加，导电能力也将大幅提高，这类杂质半导体称为P型半导体，也称为空穴型半导体，其结构示意图如图1-2所示。在P型半导体中，空穴成为半导体导电的多数载流子，自由电子为少数载流子。就整块半导体来说，它既没有失去电子也没有得到电子，所以呈电中性。

（2）N型半导体

如果在本征半导体硅或锗的晶体中掺入微量五价元素磷（或砷、锑等），半导体内部的自由电子的数量将增加成千上万倍，导电能力也将大幅提高，这类杂质半导体称为N型半导体，也称为电子型半导体，其结构示意图如图1-3所示。在N型半导体中，自由电子成为半导体导电的多数载流子，空穴成为少数载流子。就整块半导体来说，它同样既没有失去电子也没有得到电子，所以也呈电中性。

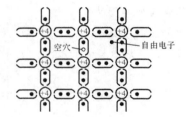
图1-1 空穴与自由电子

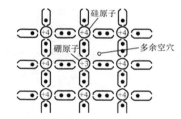
图1-2 P型半导体结构示意图

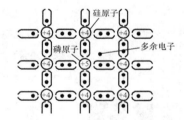
图1-3 N型半导体结构示意图

2. PN结及其导电性

把一块P型半导体和一块N型半导体设法"结合起来"，在交界面处将形成一个特殊的带电薄层——PN结。

P型半导体中的多数载流子——空穴和N型半导体中的多数载流子——电子因浓度差将发生扩散，结果使PN结中靠P区的一侧带负电，靠N区的一侧带正电，形成了一个由N区指向P区的电场，即PN结的内电场。内电场的存在将阻碍多数载流子继续扩散，所以又称为阻挡层，如图1-4所示。

（1）正向偏置

在PN结两端加上电压，称为给PN结偏置。

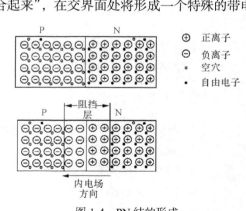
图1-4 PN结的形成

如果将 P 区接电源正极，N 区接电源负极，称为正向偏置，如图 1-5 所示。此时，外加电压对 PN 结产生的外电场与 PN 结的内电场方向相反，削弱了内电场及内电场对多数载流子扩散的阻碍作用，使扩散继续进行，形成较大的扩散电流，由 P 区流向 N 区，即在 PN 结内、外电路中形成了正向电流，这种现象称为 PN 结的正向导通。

（2）反向偏置

如果 P 区接负极，N 区接正极，则称为反向偏置，简称反偏，如图 1-6 所示。此时，内、外电场的方向相同，加强了内电场，也加强了内电场对多数载流子扩散的阻碍作用，反向电流极小，这种现象称为 PN 结的反向截止。

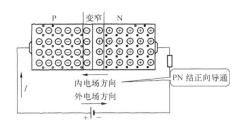

图 1-5　PN 结加正向电压

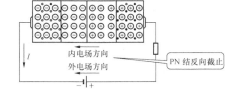

图 1-6　PN 结加反向电压

总之，PN 结加正向电压时，形成较大电流，称为导通状态；加反向电压时，有很小的反向电流，称为截止状态。可见 PN 结具有单向导电性。

当 PN 结两端施加的反向电压增加到一定值时，反向电流急剧增大，称为 PN 结的反向击穿。如果反向电压电流未超过允许值，当反向电压撤除后，PN 结仍能恢复单向导电性；如果反向电压电流超出允许值，会使 PN 结烧坏而造成热击穿。这时，即使撤除反向电压，PN 结也不能恢复单向导电性。

练习题

（1）下列半导体材料热敏特性突出的是（　　　　）。

　　A. 本征半导体　　　　　B. P 型半导体　　　　　C. N 型半导体

（2）PN 结的正向偏置接法是：P 型区接电源的_____极，N 型区接电源的_____极。

1.1.2　半导体二极管的结构及型号

在 PN 结两端分别引出一个电极，外加管壳即构成晶体二极管，又称为半导体二极管。

1. 半导体二极管的结构

按照内部结构的不同，二极管可分为点接触型二极管和面接触型二极管。

点接触型二极管的结构如图 1-7（a）所示，其特点是 PN 结的面积小、允许通过的电流小，但结电容小，因此，一般用作高频信号的检波和小电流的整流，也可用作脉冲电路的开关管。

面接触型二极管结构如图 1-7（b）所示，其特点是 PN 结的面积大、能承受较大的电流，但结电容大，主要用于低频电路和大功率的整流电路。

二极管的电路符号如图 1-8 所示。接在 P 型半导体一端的电极称为阳极（正极），N 型的一端称为阴极（负极）。根据所用半导体材料的不同，二极管又分为硅二极管和锗二极管。

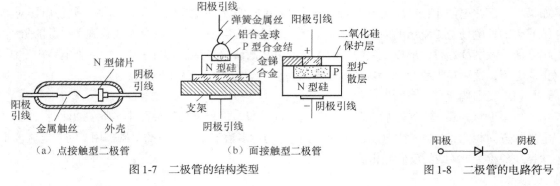

（a）点接触型二极管　　　　　　　　（b）面接触型二极管

图 1-7　二极管的结构类型

图 1-8　二极管的电路符号

2. 半导体二极管的型号

下面以二极管 2AP9 为例介绍二极管型号的命名规则。

2——代表二极管。

A——代表器件的材料。A 为 N 型 Ge，B 为 P 型 Ge，C 为 N 型 Si，D 为 P 型 Si。

P——代表器件的类型。P 为普通管，Z 为整流管，K 为开关管。

9——用数字代表同类器件的不同规格。

练习题

说明二极管 2BZ6 的含义。

1.1.3　半导体二极管的特性

由于二极管是将 P 型和 N 型半导体结合在一起做成 PN 结，再封装起来构成的，所以二极管本身就是一个 PN 结，具有单向导电性，如图 1-9 和图 1-10 所示。

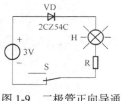

图 1-9　二极管正向导通

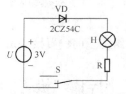

图 1-10　二极管反向截止

二极管的伏安特性是表示二极管两端的电压和流过它的电流之间关系的曲线，可用于说明二极管的工作情况。图 1-11 所示为锗二极管 2CP10 的伏安特性。

1. 正向特性

二极管的正向电压很小，但流过管子的电流却很大，因此管子的正向电阻很小。当所加正向电压较小时，正向电流很小，几乎为零。只有当电压超过某一值时，电流才显著增大，这一电压值常被称为死区电压或阈值电压。常温下硅二极管的死区电压约为 0.5V，锗二极管的死区电压约为 0.1V。

2. 反向特性

当二极管两端加反向电压时，反向电流很小，这个区域称为反向截止区。当电压增至零点几伏后，电流达到饱和，这个电流称为反向饱和电流或反向漏电流。反向饱和电流是衡量二极管质量优劣的重要参数，其值越小，二极管质量越好，一般硅管的反向电流要比锗管的反向电流小得多。

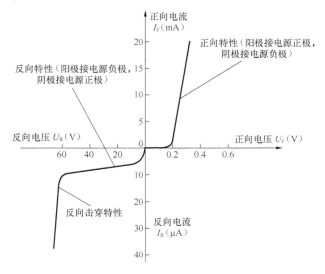

图 1-11　锗二极管 2CP10 的伏安特性

3. 反向击穿特性

当反向电压继续增加到某一值时，电流将急剧增大，这种现象称为二极管的反向击穿，这时加在二极管两端的电压叫作反向击穿电压。如果反向电压和电流超过允许值而又不采取保护措施，将会导致二极管热击穿而损坏。二极管被击穿后，一般不能恢复性能，所以在使用二极管时，一定要保证反向电压小于反向击穿电压。

1.1.4　二极管主要参数

二极管的主要参数如表 1-1 所示。

表 1-1　　　　　　　　　　　　　　　二极管的主要参数

参　数	名　称	说　明
I_{FM}	最大整流电流	二极管长期运行时，允许通过的最大正向平均电流，其大小与二极管内 PN 结的结面积和外部的散热条件有关。二极管工作时，电流若超过 I_{FM}，将会因过热而烧坏
I_R	反向电流	指室温下加反向规定电压时流过的反向电流，I_R 越小，说明管子的单向导电性越好，其大小受温度影响越大。硅二极管的反向电流一般在纳安（nA）级，锗二极管在微安（mA）级
U_{RM}	最高反向工作电压	允许长期加在两极间反向的恒定电压值。为保证管子安全工作，通常取反向击穿电压的一半作为 U_R，工作实际值不超过此值
U_B	反向击穿电压	发生反向击穿时的电压值
f_M	最高工作频率	二极管所能承受的最高频率，主要受到 PN 结的结电容限制，通过 PN 结的交流电频率若高于此值，二极管将不能正常工作

【例 1-1】 由两个二极管构成的电路如图 1-12（a）所示，输入信号 u_1 和 u_2 的波形如图 1-12（b）所示。忽略二极管的管压降，画出输出电压 u_o 的波形。

解：

（1）当 $u_1=0$，$u_2=0$ 时，VD_1、VD_2 均截止，$u_o=0$。

（2）当 $u_1=0$，$u_2=U_2$ 时，VD_1 截止、VD_2 导通，$u_o=U_2$。

（3）当 $u_1=U_1$，$u_2=U_2$ 时，$\because U_1>U_2$，$\therefore VD_1$ 导通、VD_2 截止，$u_o=U_1$。

（4）输出 u_o 波形如图 1-13 所示。

练习题

一个由二极管构成的"门"电路，如图 1-14 所示，设 VD_1、VD_2 均为理想二极管，当输入电压 u_A、u_B 为低电压 0V 和高电压 5V 的不同组合时，求输出电压 u_o 的值。

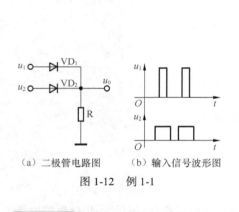

（a）二极管电路图　　　（b）输入信号波形图

图 1-12　例 1-1

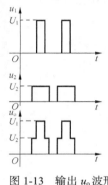

图 1-13　输出 u_o 波形

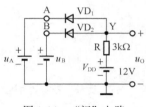

图 1-14　"门"电路

1.2　二极管的应用电路

家庭生活中使用的家用电器，很多都带有显示屏，而显示屏中显示数字、符号的器件就是二极管，如图 1-15 所示。

图 1-15　显示屏

1.2.1　常用各类二极管实物及应用

下面我们来认识一下常用的二极管实物。

1．普通二极管

普通二极管如图 1-16 所示，可用于高频检波、鉴频限幅、小电流整流等。整流电路的分析我们将在后面的章节中介绍。

2．整流二极管

整流二极管如图 1-17 所示，可实现不同功率的整流。

图 1-16　普通二极管

图 1-17　整流二极管

3．开关二极管

开关二极管如图 1-18 所示，可用于电子计算机、脉冲控制和开关电路中。

4．稳压二极管

稳压二极管如图 1-19 所示，是一种大面积结构的二极管，它工作于反向状态，当反向电压足够大时，由于齐纳和雪崩击穿，通过稳压二极管的反向电流值变化很大，稳压二极管的两端电压变化很小。稳压二极管一般在电路中起稳压作用。

5．发光二极管

发光二极管如图 1-20 所示。发光二极管具有亮度高、清晰度高、电压低（1.5～3V）、反应快、体积小、可靠性高、寿命长等特点，常用于信号指示、数字和字符显示等。

图 1-18　开关二极管

图 1-19　稳压二极管

图 1-20　发光二极管

1.2.2　限幅电路

利用二极管的单向导电性和导通后两端电压基本不变的特点，可组成限幅（削波）电路用来限制输出电压的幅度，限幅电路的原理图如图 1-21 所示（u_i 为大于直流电源电压的正弦波）。

【例 1-2】　二极管构成的限幅电路如图 1-21 所示，$R = 1k\Omega$，$U_{REF}=2V$，输入信号为 u_i 为 4V 的直流信号，忽略二极管两端的压降，计算电路中的电流 I 和输出电压 u_o。

解：

$$I = \frac{u_i - U_{REF}}{R} = \frac{4V - 2V}{1k} = 2mA \qquad u_o = U_{REF} = 2V$$

练习题

二极管构成的限幅电路如图 1-21 所示，$R = 1k\Omega$，$U_{REF}=2V$，输入信号 u_i 为幅度±4V 的交流三角波，波形如图 1-22 所示，忽略二极管两端的压降分析电路并画出相应的输出电压波形。

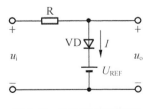

图 1-21　限幅电路原理图

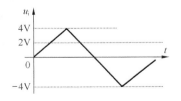

图 1-22　交流三角波波形

1.3 晶体三极管

晶体三极管具有放大作用，使用非常广泛，在生活中的电视机、收音机等中都有应用。

1.3.1 晶体三极管的结构

通过一定的工艺将两个 PN 结结合在一起就构成了晶体三极管。

1. 晶体三极管的结构、分类及型号

目前最常见的结构有平面型和合金型两类，如图 1-23 所示。硅管主要是平面型，锗管多为合金型。

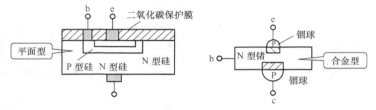

图 1-23 晶体三极管的结构

晶体三极管由两个 PN 结构成，其连接方法有 NPN 和 PNP 两种，结构示意图及符号如图 1-24 所示。晶体三极管有发射区、集电区和基区 3 个区域。发射区和基区之间的 PN 结称为发射结，基区和集电区之间的 PN 结称为集电结。由 3 个区引入的 3 个电极分别称为发射极 e、集电极 c 和基极 b。在图 1-24 中，发射极的箭头方向就是该类型管子发射极正向电流的方向。

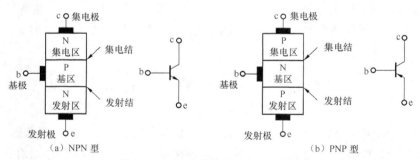

（a）NPN 型   （b）PNP 型

图 1-24 三极管的结构示意图及符号

晶体三极管制作时有意使发射区掺杂浓度最高，多数载流子浓度大，用来发射多数载流子；基区的掺杂浓度最低，而且做得很薄，其宽度小于载流子的扩散长度；集电结的面积比发射结的大，以便用来收集载流子。在实际使用时，集电极和发射极是不可随意交换的。

2. 三极管的分类

按三极管所用半导体材料来分，有硅管和锗管两种；按三极管的导电极性来分，有 PNP 型和 NPN 型两种；按功率大小来分，有小功率管、中功率管和大功率管（功率在 1W 以上

的为大功率管）；按频率来分，有低频管和高频管两种（工作频率在 3MHz 以上的为高频管）；按结构工艺来分，主要有合金管和平面管；按用途分，有放大管和开关管等。另外，从三极管的封装材料来分，有金属封装和玻璃封装，近年来多用硅铜塑料封装。常用三极管的外形如图 1-25 所示。

| 3AG1 | 3AX31 | 3DG12 | 3AG43 | 3AX81 | 3AX6 | 3CG23 | 3DG13A | 3DG46 |

| 1DG201B | 3DG57B | CD568 | 3DD6 | 3DA5 | 3AD18D | 3AG1 | 3AG1 |

图 1-25 常用三极管的外形

3. 半导体三极管的型号

下面以 3DG110B 为例介绍三极管型号的命名规则。

3——代表三极管。

D——代表半导体材料。A 表示锗 PNP 管，B 表示锗 NPN 管，C 表示硅 PNP 管，D 表示硅 NPN 管。

G——代表半导体器件的种类。X 表示低频小功率管，D 表示低频大功率管，G 表示高频小功率管，A 表示高频大功率管，K 表示开关管。

110——代表同种器件型号的序号。

B——表示同一型号中的不同规格。

1.3.2 晶体三极管的放大原理

晶体三极管的主要作用就是实现电流放大，下面我们来学习三极管的放大原理。

1. 三极管的偏置

三极管是电子技术中的核心元件之一，它主要用于实现电流放大。三极管要起到放大作用（工作在放大状态），必须具备内部和外部两个条件。内部条件就是三极管自身的内部结构要具备如下特点：①发射区和集电区虽然是同种半导体材料，但发射区的掺杂浓度远远高于集电区的，集电区的空间比发射区的空间大；②基区很薄，并且掺杂浓度特别低。外部条件是要给三极管加合适的工作电压，如图 1-26 所示。

2. 三极管的电流放大作用

三极管是一种电流控制器件，可以实现电流的放大。下面通过实验来说明三极管的电流放大作用。

如图 1-27 所示，E_b 是基极电源，R_b 和 RP 是基极偏置电阻，基极通过 R_b 和 RP 接电源，使发射结有正向偏置电压 U_{BE}。集电极电源 E_C 加在集电极与发射极之间，以提供 U_{CE}。I_C、I_B、I_E 分别代表集电极电流、基极电流和发射极电流。

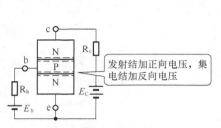

图 1-26　三极管放大作用的外部条件

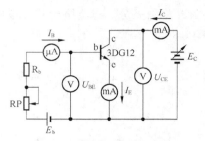

图 1-27　三极管的电流放大作用实验电路

若改变可变电阻 RP，则基极电流 I_B、集电极电流 I_C 和发射极电流 I_E 都会随之变化，测量结果如表 1-2 所示。

表 1-2　　　　　　　　　　　三极管的电流分配数据　　　　　　　　　（单位：mA）

项　　目	1	2	3	4	5	6	7
I_B	0.0035	0	0.01	0.02	0.03	0.04	0.05
I_C	− 0.0035	0.01	0.56	1.14	1.14	2.33	2.91
I_E	0	0.01	0.57	1.16	1.17	2.37	2.96

从实验数据可得出如下结论。

（1）电流分配关系

三极管各电极间的电流分配关系满足：$I_E = I_B + I_C$，无论是 NPN 型还是 PNP 型三极管，均符合这一规律。如果将三极管看成节点，那么三极管各电极间的电流关系应满足基尔霍夫节点电流定律，即流入三极管的电流之和等于流出三极管的电流之和。

（2）基极电流变化引起集电极电流变化，但集电极与基极电流之比保持不变，为一常数，用公式表示为

$$\overline{\beta} \approx \frac{I_C}{I_B}$$

式中，$\overline{\beta}$ 称为直流电流放大系数。

集电极电流随基极电流的变化而变化，说明集电极电流受控于基极电流，而且比基极电流大，三极管的这个特性就是直流电流的放大作用。

（3）基极电流有一微小的变化量ΔI_B 时，集电极电流就会有一个较大的变化量ΔI_C，三极管的这一特性称为交流电流放大作用，用公式表示为

$$\beta = \frac{\Delta I_C}{\Delta I_B}$$

式中，β 称为交流电流放大系数。

三极管的集电极电流受控于基极电流，基极电流的微小变化将引起集电极电流较大的变化，这就实现了电流的放大作用。

【例 1-3】　根据表 1-2 所示的实验数据，试计算这只三极管在 I_B 由 0.01mA 变化到 0.02mA 时的电流放大系数。

解：由表 1-2 可知，当 I_B 由 0.01mA 变化到 0.02mA 时，I_C 从 0.56mA 上升到 1.14mA。

$$\beta = \frac{\Delta I_C}{\Delta I_B} = \frac{1.14 - 0.56}{0.02 - 0.01} = 58$$

练习题

（1）将两个晶体二极管背靠背连接起来，是否能构成一只晶体三极管？

（2）能否将晶体三极管的 c、e 两个电极交换使用，为什么？

1.3.3　晶体三极管的特性

三极管的特性反映了三极管各电极间电压和电流之间的关系，是分析具体放大电路的重要依据，是三极管特性的主要表示形式，主要包括输入特性和输出特性。

1．输入特性

输入特性是指当 U_{CE} 为某一固定值时，输入回路中 I_B 和 U_{BE} 之间的关系。输入特性曲线如图 1-28 所示。

在输入回路中，由于发射结是一个正向偏置的 PN 结，因此输入特性就与二极管的正向伏安特性相似，不同的输出电压 U_{CE} 对输入特性有不同的影响，随着 U_{CE} 的增大，曲线将向右移，但当 $U_{CE} \geq 1V$ 时，不同 U_{CE} 值的输入曲线会重合。

2．输出特性

输出特性是指当 I_B 为一固定值时，输出回路中 I_C 和 U_{CE} 之间的关系。输出特性曲线如图 1-29 所示。根据输出特性曲线，三极管的工作区域可以分为截止区、饱和区和放大区 3 种。

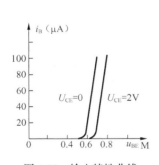

图 1-28　输入特性曲线

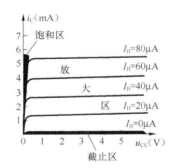

图 1-29　输出特性曲线

（1）截止区

三极管工作在截止区时，发射结和集电结均为反向偏置，相当于一个开关状态。在此区域，三极管失去了电流放大能力。

（2）饱和区

三极管工作在饱和区时，发射结和集电结都处于正向偏置。各 I_B 值所对应的输出特性曲线几乎重合在一起，I_C 随 U_{CE} 的升高而增大，当 I_B 变化时，I_C 基本不变，即 I_C 不受 I_B 的控制，三极管失去电流放大作用。在此区域，相当于一个开关闭合状态。

（3）放大区

三极管处于放大状态时，发射结正向偏置，集电结反向偏置。在此区域，集电极电流受控于基极电流，体现了三极管的电流放大作用，有 $I_C=\beta I_B$。特性曲线的间隔大小反映了三极管的 β 值，体现了不同三极管的电流放大作用；对于一定的 I_B，I_C 基本不受 U_{CE} 的影响，即无论 U_{CE} 怎样变化，I_C 几乎不变。这说明在放大区，三极管具有恒流特性。

【例 1-4】 根据各个电极的电位，说明图 1-30 所示三极管的工作状态。

解： 根据三极管各个电极的电位，可知图 1-30（a）所示的发射结和集电结都反向偏置，所以这个三极管工作在截止状态。图 1-30（b）所示的发射结正向偏置，集电结反向偏置，所以这个三极管工作在放大状态。

练习题

说明图 1-31 所示三极管的工作状态。

图 1-30　例 1-4　　　　　　　　　　　　　　　　　图 1-31　练习题

1.3.4　三极管主要参数

三极管的主要参数如表 1-3 所示。

表 1-3　　　　　　　　　　　　三极管的主要参数

参　数	名　称	说　明
$\overline{\beta}$	直流放大系数	反映三极管电流放大能力强弱的参数，$\overline{\beta}=\dfrac{I_C}{I_B}$
β	交流放大系数	反映三极管电流放大能力强弱的参数，$\beta=\dfrac{\Delta I_C}{\Delta I_B}$。当放大器的输入信号是正弦信号时，可直接用正弦量的瞬时值表示，$\beta=\dfrac{i_C}{i_B}$
I_{CBO}	集电极—基极反向饱和电流	该电流是三极管发射极开路时，从集电极流到基极的电流。该电流是 PN 结的反向电流，因此具有数值小但受温度变化影响较大的特点。I_{CBO} 的大小标志着集电结质量的好坏
I_{CEO}	穿透电流	该电流是三极管基极开路时，集电极与发射极之间加上规定电压，从集电极流到发射极的电流。I_{CBO} 和 I_{CEO} 满足 $I_{CEO}=(1+\beta)I_{CBO}$。I_{CEO} 是衡量三极管质量好坏的主要参数，其值越小越好
I_{CM}	集电极最大允许电流	在实际运用中，三极管集电极电流 I_C 增大到一定数值后，β 值将会明显下降。在技术上规定，当三极管的 β 值下降到正常值的 2/3 时的集电极电流称为集电极最大允许电流。集电极电流若超过此值，三极管性能变差，甚至有烧坏的可能
$U_{(BR)CBO}$	集电极—基极反向击穿电压	在发射极开路时集电极所能承受的最高反向电压

参　　数	名　　称	说　　明
$U_{(BR)EBO}$	发射极—基极反向击穿电压	在集电极开路时发射极与基极之间所能承受的最高反向电压
$U_{(BR)CEO}$	集电极—发射极反向击穿电压	在基极开路时，集电极与发射极之间所能承受的最高反向电压
P_{CM}	集电极最大允许耗散功率	集电极允许的最大功率。使用时若超过此值，将使三极管的性能变差或烧坏
f_T	特征频率	特征频率是指当三极管的 β 值下降到 $\beta = 1$ 时所对应的频率。当工作信号的频率升高到特征频率时，三极管就失去了交流电流的放大能力。特征频率的大小反映了三极管频率特性的好坏

1.4　场效应晶体管

场效应晶体管（FET）是一种电压控制型器件，它利用电场效应来控制半导体中多数载流子的运动，以实现放大作用。场效应管不仅输入电阻非常高（一般可达到几百兆欧到几千兆欧）、输入端电流接近于零（几乎不向信号源吸取电流），而且还具有体积小、重量轻、噪声低、省电、热稳定性好、制造工艺简单、集成容易等优点，是放大电路中理想的前置输入器件。

场效应管也是由 PN 结构成，按结构不同可分为结型场效应管（JFET）和绝缘栅型场效应管（MOS）两种；按导电沟道可分为 N 沟道和 P 沟道两种，在电路中用箭头方向区别。目前广泛应用的是 MOS 场效应管。

1.4.1　结型场效应管

结型场效应管是利用导电沟道之间耗尽区的宽窄来控制电流，下面我们来学习结型场效应管的结构和特性。

1．结型场效应管的结构

图 1-32 所示为结型场效应管的外形。它是在一块杂质浓度较低的 N 型半导体的两侧制成高杂质浓度的 P 型半导体，连在一起，作为控制端，称为栅极（G）；N 型半导体上下引出两个极，一个称为源极（S），一个称为漏极（D）。源极和漏极之间的导电通道称为导电沟道，因此结型场效应管有 N 沟道和 P 沟道两种。N 沟道结型场效应管结构示意图和符号分别如图 1-33 和图 1-34 所示。

漏极 D、栅极 G、源极 S 分别与三极管的集电极 c、基极 b、发射极 e 相对应。场效应管与三极管的区别是场效应管的漏极和源极可交换使用，而三极管的集电极与发射极则不能交换。

2．结型场效应管的伏安特性

由于结型场效应管输入电阻很大，输入电流几乎为零，因而讨论它的输入电流与输入电压的关系就没有什么意义了。但是，输入电压对漏极电流的控制作用，反映了输出电流 I_D 的受控特性（即放大能力）。这种特性叫作转移特性。

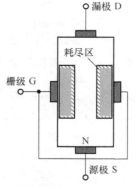

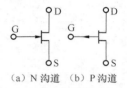

图 1-32　结型场效应管的外形　　　图 1-33　结型场效应管结构示意图　　　图 1-34　结型场效应管符号

（1）转移特性曲线

图 1-35 所示为结型场效应管转移特性曲线。此曲线表示当 U_{DS} 为确定值时漏极电流 I_D 受栅极电压 U_{GS} 控制的关系。由曲线可知：

- 场效应管也是非线性器件；
- 当 $U_{GS}=0$ 时，I_D 最大，此时 $I_D=I_{DSS}$，称为场效应管的饱和漏电流；
- 栅—源极之间只能加负电压，即 $U_{GS} \leq 0$ 才能使管子正常工作。

（2）输出特性曲线

输出特性曲线又称漏极特性曲线，它是当 U_{GS} 为确定值时 I_D 随 U_{DS} 变化的关系曲线，如图 1-36 所示。从图中可以看出每一个 U_{GS} 值对应一条 I_D—U_{DS} 曲线。

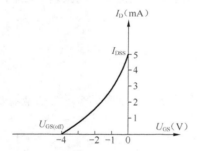

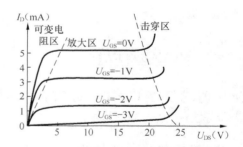

图 1-35　结型场效应管转移特性曲线　　　图 1-36　结型场效应管输出特性曲线

场效应管有 3 个工作区，即可变电阻区、放大区和击穿区。在放大区，I_D 受 U_{GS} 的控制，即 I_D 只随 U_{GS} 的增大而增大，几乎不随 U_{DS} 变化，形成一组近乎平行于 U_{DS} 轴的曲线。所以，放大区又被称为恒流区或饱和区。

3. 场效应管的放大作用

场效应管的放大作用通常是指它的电压放大作用。图 1-37 所示为场效应管放大电路，当把变化的电压加在 G 极和 S 极之间时，漏极电流 I_D 将随之变化；如果 R_d 值选择合适，那么就可以在漏极电阻 R_d 上得到较大的电压变化量。

场效应管具备电压放大作用应该满足如下两个条件：

- 必须工作在放大区，这与三极管类似；
- 需要选择合适的 R_d。

图 1-37　场效应管放大电路

1.4.2　绝缘栅场效应管

栅极和其他电极及硅片之间是绝缘的，称为绝缘栅场效应管。

1．绝缘栅场效应管的结构和符号

绝缘栅场效应管是用一块杂质浓度低的 P 型薄硅片作衬底（或称基片），上面扩散了两个杂质浓度很高、渗透较深的 N 型区，分别作源极 S 和漏极 D。在硅片表面生成一层很薄的 SiO_2 绝缘层。在源极和漏极间的 SiO_2 绝缘层上面蒸发一层金属板作控制极 G，称为栅极。由于栅极和其他极是绝缘的，栅—源极输入电阻比结型场效应管还要高，可达 $10^8 \sim 10^{12} k\Omega$，故称为绝缘栅场效应管。又由于它是由金属、氧化物、半导体所组成，所以又称为金属—氧化物—半导体管，或用英文第一个字母简称为 MOS 管。

当掺入的正离子不够多，$U_{GS}=0$ 时漏—源极间没有形成导电沟道，需要外加电场以增强感应，形成连通导电沟道才能导电的管子，称为增强型 MOS 管，如图 1-38 所示。图 1-39 所示为增强型绝缘栅场效应管的电路符号。

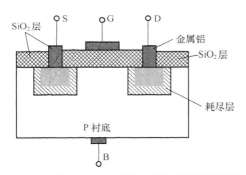

图 1-38　增强型 N 沟道绝缘栅场效应管的结构

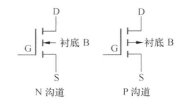

图 1-39　增强型绝缘栅场效应管的电路符号

在硅表面生成 SiO_2 绝缘层的同时，掺入适量不可移动的正离子，其正电场就会在 P 型衬底的表面排斥空穴，感应出很多负电荷，形成与原来导电类型（P 型）相反的反型层（N 型），使源极与漏极之间形成一条导电沟道。如果在 $U_{GS}=0$ 时漏—源极间就有了导电沟道的管子，称为耗尽型 MOS 管，如图 1-40 所示。图 1-41 所示为耗尽型绝缘栅场效应管的电路符号。

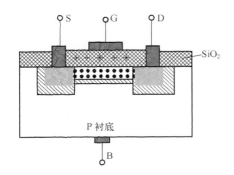

图 1-40　耗尽型 N 沟道绝缘栅场效应管的结构

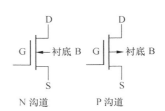

图 1-41　耗尽型绝缘栅场效应管的电路符号

2. 绝缘栅场效应管的伏安特性

（1）增强型 N 沟道绝缘栅场效应管的伏安特性

增强型 N 沟道绝缘栅场效应管的转移特性和输出特性如图 1-42 所示。在一定的漏–源电压 U_{DS} 下，使绝缘栅场效应管由不导通变为导通的临界栅源电压称为开启电压 U_{GS}（th）。

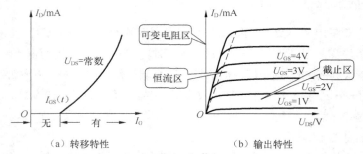

（a）转移特性　　　　　　　　　　（b）输出特性

图 1-42　增强型 N 沟道绝缘栅场效应管的伏安特性

（2）耗尽型 N 沟道绝缘栅场效应管的伏安特性曲线

耗尽型 N 沟道绝缘栅场效应管的转移特性和输出特性如图 1-43 所示。

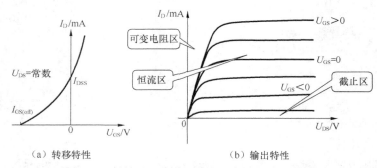

（a）转移特性　　　　　　　　　　（b）输出特性

图 1-43　耗尽型 N 沟道绝缘栅场效应管的伏安特性

3. 场效应管主要参数

场效应管的主要参数如表 1-4 所示。

表 1–4　　　　　　　　　　　场效应管的主要参数

参　数	名　称	说　明
$U_{GS（off）}$	夹断电压	在漏—源电压 U_{DS} 为某一固定值时，结型或耗尽型绝缘栅场效应管的 I_D 小到近于零时的 U_{GS} 值为夹断电压
$U_{GS（th）}$	开启电压	当 U_{DS} 为某一确定值时，增强型 MOS 场效应管开始导通（I_D 达到某一值）时的 U_{GS} 值为开启电压
I_{DSS}	饱和漏极电流	对于结型和耗尽型场效应管，当 $U_{GS}=0$，且 $U_{DS}>|U_{GS（off）}|$时的漏极电流，即管子用作放大时的最大输出电流为饱和漏极电流。它反映了零偏压时原始沟道的导电能力
g_m	跨导	U_{DS} 为定值时，漏极电流变化量 ΔI_D，与引起这个变化的栅—源电压变化量 ΔU_{GS} 之比，定义为跨导，单位为 μA/V

1.4.3　场效应晶体管的使用

使用场效应管时，不得超出其规定值，特别是对于 MOS 管，由于 SiO_2 绝缘层的电阻非常大，栅极上即使感应出很少的电荷也难以泄放掉。尤其是极间电容小的管子，栅极上即使感应很少的电荷，栅—源极间也会出现很高的电压，很可能将 SiO_2 绝缘层击穿，从而损坏管子。因此，管子使用前后栅—源极间都必须保持一定的直流通路。

焊接时，应用裸导线捆绕 3 个电极，使之短路，然后将电烙铁脱离电源，并接好地，以防感应电荷；保存管子时，也应将 3 个电极短路，以免损坏。

结型场效应管可用万用表定性地检查，检查各 PN 结正反向电阻及漏—源之间的电阻值。绝缘栅场效应管不能用万用表检查，必须用测试仪，而且要在接入测试仪后才能去掉各极短路线。取下时，则应先短路再取下，关键在于避免栅极悬空。

在要求输入电阻较高的场合，必须采取防潮措施，以免由于湿度影响使场效应管的输入电阻降低。另外，陶瓷封装的芝麻管有光敏特性，应注意避光使用。

练习题

场效应晶体管和晶体三极管相比较有何特点？放大原理有何不同？为什么场效应晶体管输入电阻很大，而晶体三极管的输入电阻较小？

1.5　晶闸管

晶闸管是在三极管基础上发展起来的一种大功率半导体器件，它的出现使半导体器件由弱电领域扩展到强电领域。

晶闸管也像二极管一样具有单向导电性，但其导通时间是可控的，主要用于整流、逆变、调压及开关等，具有体积小、重量轻、效率高、动作迅速、维修简单、操作方便、寿命长、容量大（正向平均电流达千安，正向耐压达千伏）等特点。

1.5.1　单向晶闸管的工作原理

单向晶闸管是一种单向可控整流电子元器件。下面我们来学习单向晶闸管的结构和工作原理。

1．单向晶闸管的结构

单向晶闸管的外形有平面形、螺栓形、小型塑封形等，图 1-44 所示为常见的晶闸管外形。单向晶闸管有阳极 A、阴极 K 和控制极 G 3 个电极，图 1-45 所示为其图形符号，一般用 SCR、KG、CT 等表示。单向晶闸管的结构如图 1-46 所示，其内部结构相当于两只不同类型的三极管连接在一起，如图 1-47 所示。我们可把晶闸管等效地看成由 1 个 NPN 型三极管 VT_1 和 1 个 PNP 型三极管 VT_2 组合而成。阳极 A 是 VT_2 的发射极，阴极 K 是 VT_1 的发射极，VT_1 的基极与 VT_2 的集电极相连成为控制极 G，而 VT_2 的基极与 VT_1 的集电极也连在一起。单向晶闸管的等效电路如图 1-48 所示。

从图形符号看，单向晶闸管很像一只二极管，但比二极管多了一个电极。单向晶闸管跟二极管一样只能正向导通，两者最根本的区别是，单向晶闸管的导通是可控的，或者说是有条件的。

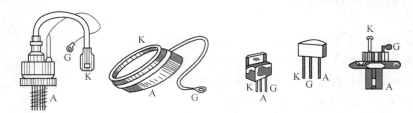

图 1-44　常见的晶闸管外形

图 1-45　单向晶闸管的图形符号

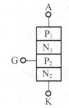

图 1-46　单向晶闸管结构

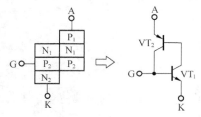

图 1-47　单向晶闸管内部结构

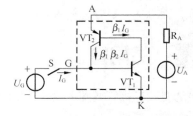

图 1-48　单向晶闸管的等效电路

2. 单向晶闸管的工作原理

下面通过实验说明单向晶闸管的工作原理。

（1）单向晶闸管的反向阻断

单向晶闸管的反向阻断电路如图 1-49 所示。阳极 A 接电源负极，阴极 K 接电源正极，无论开关 S 闭合与否，灯泡 L 都不亮。当单向晶闸管加反向电压时，不管控制极是否加上正向电压，它都不会导通，而是处于阻断状态，称为反向阻断状态。

（2）单向晶闸管的正向阻断

单向晶闸管的正向阻断电路如图 1-50 所示。阳极 A 接电源正极，阴极 K 接电源负极，开关 S 不闭合，灯泡 L 不亮。当单向晶闸管加正向电压而控制极未加正向电压时，晶闸管不会导通，这种状态称为单向晶闸管的正向阻断状态。

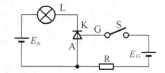

图 1-49　单向晶闸管的反向阻断电路

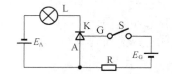

图 1-50　单向晶闸管的正向阻断电路

（3）单向晶闸管的导通

单向晶闸管的导通电路如图 1-51 所示。阳极 A 接电源正极，阴极 K 接电源负极，开关 S 闭合，灯泡 L 亮。灯亮后，把开关 S 断开，灯泡仍继续发光。

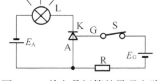

图 1-51　单向晶闸管的导通电路

单向晶闸管导通必须同时具备两个条件：

- 单向晶闸管阳极加正向电压；
- 控制极加适当的正向电压。

由于单向晶闸管导通后控制极不再起控制作用，实际工作中，控制极只需施加短暂的正脉冲电压便可触发晶闸管导通。单向晶闸管导通后，管压降很小，仅 1V 左右，电源电压几乎全部加在负载上。

（4）单向晶闸管导通后的关断

单向晶闸管导通后，若将外电路负载加大，单向晶闸管的阳极电流就会降低。当阳极电流降到某一数值时，单向晶闸管不能维持正反馈过程，就会关断而呈现正向阻断状态。维持单向晶闸管导通的最小阳极电流，称为单向晶闸管的维持电流。若将已导通的单向晶闸管的外加电压降到零（或切断电源），则阳极电流降到零，单向晶闸管也就自行关断，呈现阻断状态。

3. 晶闸管型号及其含义

下面以 KP5-7A 为例介绍晶闸管型号的含义。

K——代表晶闸管。

P——表示晶闸管的类型。P—普通晶闸管，K—快速晶闸管，S—双向晶闸管。

5——指额定正向平均电流（I_F）。5 的含义是额定正向平均电流为 5A。

7——指额定电压。用百位或千位数表示，取 U_{FRM} 或 U_{RRM} 较小者。7 的含义是额定电压为 700V。

A——代表导通时平均电压。组别共 9 级，用字母 A～I 表示 0.4～1.2V。

1.5.2　晶闸管的伏安特性和主要参数

单向晶闸管相当于一个可以控制的单向导电开关。从使用的角度来看，必须了解单向晶闸管的特性，才能正确设计电路。

1. 晶闸管的伏安特性

单向晶闸管的伏安特性如图 1-52 所示。

（1）正向特性

当 $U_{AK}>0$，$I_G=0$ 时，晶闸管正向阻断，对应特性曲线的 OA 段。此时晶闸管阳极和阴极之间呈现很大的正向电阻，只有很小的正向漏电流。当 U_{AK} 增加到正向转折电压 U_{BO} 时，PN 结 J_2 被击穿，漏电流突然增大，从 A 点迅速经 B 点跳到 C 点，晶闸管转入导通状态。晶闸管正向导通

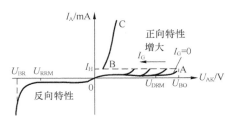

图 1-52　单向晶闸管的伏安特性

后工作在 BC 段，电流很大而管压降只有 1V 左右，此时的伏安特性和普通二极管的正向特性相似。

晶闸管导通后，如果减小阳极电流 I_A，则当 I_A 小于维持电流 I_H 时，突然由导通状态变为阻断，特性曲线由 B 点跳到 A 点。应该指出，晶闸管的这种导通是正向击穿现象，很容易造成晶闸管的永久性损坏，在实际工作中应避免这种现象发生。另外，当外加电压超过正向转折电压时，不论控制极是否加正向电压，晶闸管均会导通，而控制极失去控制作用，这种现象也是不希望出现的，因为在可控整流电路中，应该由控制极电压来决定晶闸管何时导通，使之成为一个可控开关，所以，晶闸管的正常导通应在控制极两端施加正向触发电压。从图 1-52 中可以发现，晶闸管的触发电流 I_G 越大，就越容易导通，正向转折电压就越低。不同规格的晶闸管所需的触发电流是不同的，一般情况下，晶闸管的正向平均电流越大，所需的触发电流也越大。

（2）反向特性

晶闸管承受反向电压时，晶闸管只有很小的反向漏电流，此段特性与二极管反向特性很相似，晶闸管处于反向阻断状态。当反向电压超过反向击穿电压 U_{BR} 时，反向电流剧增，晶闸管反向击穿，如图 1-52 所示。

2. 单向晶闸管的主要参数

单向晶闸管的参数反映了它的性能，是正确选择和使用单向晶闸管的重要依据。单向晶闸管的主要参数如表 1-5 所示。

表 1-5　　　　　　　　　　　　　单向晶闸管的主要参数

参　数	名　　称	说　　明
U_{DRM}	正向重复峰值电压	在控制极开路和正向阻断的条件下，重复加在单向晶闸管两端的正向峰值电压
U_{RRM}	反向重复峰值电压	在控制极开路时，允许重复加在单向晶闸管两端的反向峰值电压
I_F	正向平均电流	环境温度为 40℃ 及标准散热条件下，单向晶闸管处于全导通时可以连续通过的工频正弦半波电流的平均值
I_H	维持电流	在室温下，当控制极断路时，单向晶闸管维持导通状态所必需的最小电流
U_G、I_G	控制极触发电压、触发电流	在室温下，阳极加正向电压为直流 6V 时，使单向晶闸管由阻断变为导通时所需的最小控制极电压和电流

1.5.3　晶闸管可控整流电路

晶闸管主要用在可控整流电路中。下面我们来分析一下晶闸管的可控整流电路。

1. 单相半波可控整流电阻性负载电路

单相半波可控整流电阻性负载电路及其工作原理分别如图 1-53 和图 1-54 所示。

2. 单相半波可控整流电感性负载与续流二极管电路

单相半波可控整流电感性负载电路如图 1-55 所示。在电感性负载中，当晶闸管刚触发导通时，电感元件上产生阻碍电流变化的感应电势，电流不能跃变，将由零逐渐上升。当电压 u_2 过零后，由于电感反电动势的存在，晶闸管在一段时间内仍维持导通，失去单向导电作用，其工作原理如图 1-56 所示。

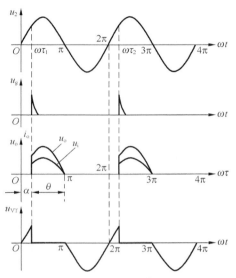

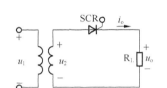

图 1-53　单相半波可控整流电阻性负载电路

图 1-54　电路工作原理

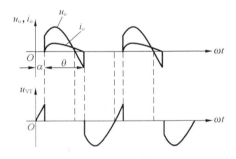

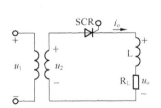

图 1-55　单相半波可控整流电感性负载电路

图 1-56　电路工作原理

为了使晶闸管在电源电压降到零值时能及时关断，使负载上不出现负电压，应在电感性负载两端并联一个二极管，如图 1-57 所示。

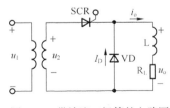

图 1-57　带续流二极管的电路图

3. 单相半控桥式整流电路

单相半控桥式整流电路及工作原理分别如图 1-58 和图 1-59 所示。

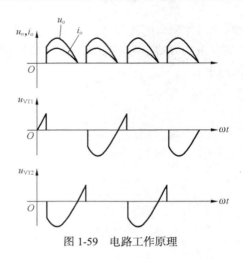

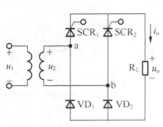

图 1-58　单相半控桥式整流电路

图 1-59　电路工作原理

1.5.4　双向晶闸管

双向晶闸管又叫作晶闸管，是各种晶闸管派生器件中应用较为广泛的一种，具有正、反向都能控制导通的特性，并且有触发电路简单、工作稳定可靠等优点。因此，双向晶闸管在无触点交流开关电路中有着十分广泛的应用。

1. 双向晶闸管的结构

双向晶闸管是一个具有 N-P-N-P-N 5 层三端结构的半导体器件，其符号和结构分别如图 1-60 和图 1-61 所示，它也有 3 个电极，但没有阴、阳极之分，统称为第一阳极 A_1、第二阳极 A_2 和控制极 G，其文字符号用 TLC、SCR、CT、KG、KS 等表示。

图 1-60　双向晶闸管的符号

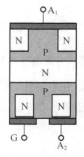

图 1-61　双向晶闸管的结构

2. 双向晶闸管的工作原理

在第一阳极和第二阳极之间所加的交流电压无论是正向电压或反向电压，在控制极上所加的触发脉冲无论是正脉冲还是负脉冲，都可以使它正向或反向导通。所谓正脉冲，就是控制极接触发电源的正端，第二阳极 A_2 接触发电源的负端；而施加负脉冲则与此相反。由于双向晶闸管具有正、反向都能控制导通的特性，所以它的输出电压不像单向晶闸管那样是直流形式，而是交流形式。

3. 双向晶闸管的特点

① 双向晶闸管相当于两个晶闸管反向并联，两者共用一个控制极。
② 晶闸管双向触发导通。

1.5.5 晶闸管的触发电路

单结晶体管是触发晶闸管的理想元件。

1. 单结晶体管

单结晶体管是一种特殊的半导体器件，有一个 PN 结和 3 个电极，其外形与一般三极管相同。单结晶体管的示意图和符号如图 1-62 所示。

2. 单结晶体管的触发电路

单结晶体管的触发电路和工作波形分别如图 1-63 和图 1-64 所示。

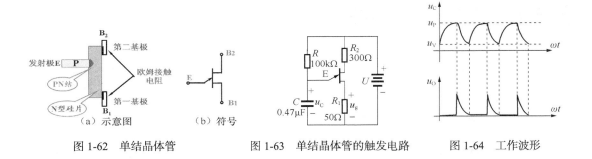

图 1-62　单结晶体管　　　　图 1-63　单结晶体管的触发电路　　　图 1-64　工作波形

1.5.6 晶闸管的保护与应用

为了更好地使用晶闸管，必须了解晶闸管的保护措施。

1. 晶闸管的保护

晶闸管的主要缺点是承受过电压、过电流的能力较弱。当晶闸管承受过电压、过电流时，晶闸管温度会急剧上升，可能烧坏 PN 结，造成元件内部短路或开路。为了使元件能可靠地长期运行，必须对晶闸管电路中的晶闸管采取保护措施。晶闸管的保护包括过流保护和过压保护。过流保护包括快速熔断器保护、过流继电器保护和过流截止保护；过压保护包括阻容保护和硒碓保护。

2. 晶闸管的应用

电瓶充电电路如图 1-65 所示。该电瓶充电电路使用元件较少，线路简单，具有过充电保护、短路保护和电瓶短接保护。

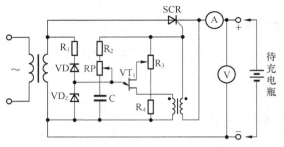

图 1-65　电瓶充电电路

R₂、RP、C、VT₁、R₃、R₄ 构成了单结晶体管触发电路。当待充电电瓶接入电路后，触发电路获得所需电源电压开始工作。当电瓶电压充到一定数值时，使得单结晶体管的峰点电压大于稳压管 VD_z 的稳定电压，单结晶体管不能导通，触发电路不再产生触发脉冲，充电机停止充电。触发电路和可控整流电路的同步是由二极管 VD 和电阻 R_1 来完成的。交流电压过零变负后，电容通过 VD 和 R_1 迅速放电。交流电压过零变正后 VD 截止，电瓶电压通过 R_2、RP 向 C 充电。改变 RP 值，可设定电瓶的初始充电电流。

练习题：晶闸管和普通二极管在功能上有什么不同？

1.6　实验　仪器的使用

1．实验目的

（1）认识常用的仪器仪表。

（2）学会正确使用常用的仪器仪表。

2．基础知识

（1）信号发生器

信号发生器是用来产生信号源的仪器，如图 1-66 所示。它有正弦波、三角波、方波输出，输出电压和频率均可调节。

（2）直流稳压电源

直流稳压电源为被测实验电路提供能源，通常是电压输出，如图 1-67 所示。例如，5～6V，±12V 或±15V，交流 15V 或 9V 等。

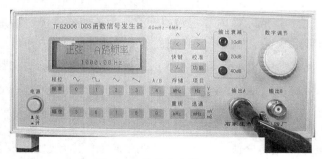

图 1-66　信号发生器

图 1-67　直流稳压电源

（3）示波器

示波器用来测量实验电路的输出信号，如图 1-68 所示。示波器可用于显示电压或电流波形、测量频率、周期等其他相关参数。

（4）毫伏表

毫伏表用来测量交流电压，如图 1-69 所示。

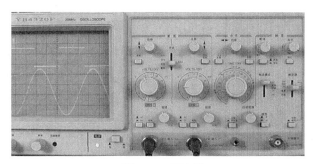

图 1-68　示波器

图 1-69　毫伏表

（5）万用表

万用表又叫繁用表或多用表，具有多用途、多量程、携带方便等优点，在电工维修和测试中广泛使用。

一般万用表可以测量直流电流、直流电压、交流电压、电阻等，有的还可以测量交流电流和电容、电感等。

万用表有指针式万用表和数字式万用表两类，分别如图 1-70 和图 1-71 所示。

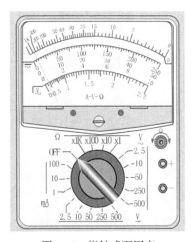

图 1-70　指针式万用表

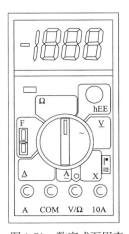

图 1-71　数字式万用表

① 指针式万用表主要由表壳、表头、机械调零旋钮、欧姆调零旋钮、选择开关（量程选择开关）、表笔插孔和表笔等组成。

② 数字万用表是一种多功能、多量程的数字显示仪表。大规模集成电路和液晶数码显示技术使其具有体积小、重量轻、精度高、数码显示清晰等优点。一般情况下数字万用表除可测量交直流电压、电流、电阻功能外，还可以测量晶体管、电容等，并具有自动回零、过量程指示、极性选择等特点。

3．实验内容

（1）使用万用表测量电压和电流。

（2）练习使用电子仪器。

4．实验步骤

（1）电子仪器的使用

① 接通示波器电源，调节"辉度"、"聚焦"旋钮，使荧光屏上出现扫描线。旋转"辉度"旋钮能改变光点和扫描线的亮度，观察低频信号和高频信号。旋转"聚焦"旋钮调节电子束截面大小，将扫描线聚焦成最清晰状态。熟悉 X 轴和 Y 轴上下、左右位移的旋钮作用。

② 接通信号发生器或用实验系统自身带有的信号发生器，调节输出电压为 0.1mV ~ 5V，频率为 1kHz，并把输出接到示波器 Y 轴输入，观察输入信号电压波形，调节示波器"Y 轴衰减"和"Y 轴增幅"旋钮，熟悉它们的作用。

③ 调节"扫描范围"及"扫描微调"旋钮，使示波器荧光屏上显示的波形增加或减少（如在荧光屏上得到 1 个、3 个或 6 个完整的正弦波），熟悉"扫描范围"及"扫描微调"旋钮的作用。

④ 用晶体管毫伏表测量信号发生器的输出电压。将信号发生器的输出衰减开关分别置于 0dB、20dB、40dB、60dB 的位置，测量其对应的输出电压。测量时应将毫伏表量程选择正确，以使读数准确。

（2）使用万用表

① 将"ON-OFF"开关旋至"ON"位置，检查 9V 电池，如果电池电压不足，显示屏上将有低压显示，这时应更换一个新电池后再使用。

② 测试之前，将功能开关置于需要的量程。

（3）电压测量

① 将黑色表笔插入"COM"插孔，红色表笔插入"V/Ω"插孔，如图 1-72 所示。

② 测直流电压时，将功能开关置于直流电压量程范围，如图 1-72 所示，并将测试表笔连接到

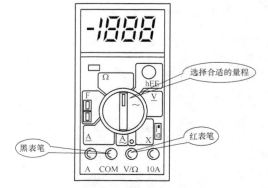

图 1-72　使用万用表测量电压

待测电源或负载上，此时便可读出显示值，红色表笔所接端的极性将同时显示于显示屏上。

 ● 如果被测电压范围未知，则首先将功能开关置于最大量程后，视情况降至合适量程；

● 如果只显示"1"，则表示超量程，此时功能开关应置于更高量程。

（4）电流测量

① 将黑色表笔插入 COM 插孔，红色表笔根据待测量电流的大小，插入到合适的电流插孔，如当测量最大值为 120A 的电流时，红色表笔插入 10A 插孔，如图 1-73 所示。

② 将功能开关置于直流电流的合适量程，且将表笔与待测负载串联接入电路，电流值即显示并同时显示出红色表笔的极性。

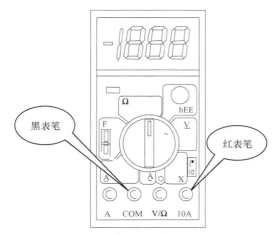

图 1-73　使用万用表测量电流

5．实验器材

（1）直流稳压电源（1 台）。

（2）双踪示波器（1 台）。

（3）数字（或指针式）万用表（2 块）。

（4）信号发生器（1 台）。

（5）晶体管毫伏表（1 只）。

6．预习要求

（1）了解常用仪器仪表的特点。

（2）掌握常用仪器仪表的使用方法和注意事项等。

（3）阅读有关直流电源、信号发生器、毫伏表、示波器、万用表、实验系统等常用仪器使用说明书。

（4）制订本实验有关数据记录表格。

7．实验报告

（1）阐述常用的仪器仪表的特点、使用方法及注意事项。

（2）写出学校实验室所提供的各种仪器设备，并填入表 1-6 中。

表 1-6　　　　　　　　　　　　　　　　仪器设备

序　号	名　称	符　号	规　格	数　量

（3）写出本次实验所用仪器的型号、名称及各自的作用。

（4）填写实验过程测量的各种数据。

8. 注意事项

（1）注意电流表、电压表和万用表的极性。

（2）万用表的红表笔切忌插错位置，特别是不要插在电流插孔来测量电压信号，否则会损坏万用表。

（3）在使用万用表测量时，不能在测量的同时换挡，否则易烧坏万用表，应先断开表笔换挡后再测量。

（4）万用表使用完毕，应将转换开关置于最大交流电压挡；长期不用，还应将电池取出。

（5）用毫伏表测量时，应将量程选择正确，以使读数准确。

（6）调节示波器"辉度"旋钮时，一般不应太亮，以保护荧光屏。

1.7 实训 半导体器件的识别和测试

1. 实训目的

（1）熟悉二极管、三极管、场效应管的外形及引脚的识别方法。

（2）练习查阅半导体器件手册，熟悉二极管、三极管和场效应管的类别、型号及主要性能参数。

（3）掌握用万用表判别二极管、三极管和场效应管的管脚、管型与质量的方法。

（4）掌握晶闸管的简易测试方法。

（5）测试二极管的单向导电性。

（6）学习二极管伏安特性曲线的测试方法。

（7）掌握三极管应用电路的测试方法。

（8）加深对三极管放大特性、3 种工作状态的理解。

（9）验证晶闸管的导通条件及关断方法。

2. 实训器材

（1）万用表 1 只（指针式）。

（2）半导体器件手册。

（3）不同规格、类型的二极管、三极管、场效应管、晶闸管若干。

（4）直流稳压电源 1 台。

（5）电位器 4.7kΩ、10kΩ 各 1 只，电阻 1kΩ、2kΩ、3kΩ、6.8kΩ、100kΩ 各 1 只。

（6）晶闸管的导通关断条件实验板 1 块。

3. 实训内容

（1）半导体二极管的识别与测试

① 观看实物，熟悉二极管的外形。

② 查阅手册识别二极管，记录所给二极管的类别、型号及主要参数。

③ 判别二极管正、负电极。

● 观察法。观察外壳上的符号标记。通常在二极管的外壳上标有二极管的符号，带有三角形箭头的一端是正极，另一端是负极。观察外壳上的色点，在点接触二极管的外壳上，通常标有极性色点（白色或红色），标有色点的一端即为正极。还有的二极管上标有色环，带色环的一端则为负极。

● 测试法。将万用表拨到 $R×1kΩ$（或 $R×100Ω$）欧姆挡。用黑表笔搭在二极管的一端，用红表笔搭在二极管的另一端时电阻较小；再将黑表笔与红表笔的位置对调时电阻较大，则电阻较小的为二极管加上正向电压，此时黑表笔搭接的一端为二极管的 P，即二极管的正极；红表笔端为二极管的 N，即二极管的负极，如图 1-74 所示。

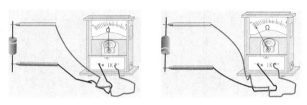

图 1-74　判别二极管正、负电极

④ 二极管好坏的鉴别。将万用表拨至电阻挡，量程为 $R×100Ω$ 挡或 $R×1kΩ$ 挡，并将表笔负端（表内电源为正极）接晶体二极管的 "+" 极，用万用表的正端（表内电源为负极）接二极管的 "−" 极，如图 1-75（a）所示。测出其正向电阻，该阻值较低，一般为几十欧至几百欧，表明二极管的正向特性是好的。

再把两表笔位置倒置，用万用表的正端接二极管的 "+" 极，用万用表的负端接二极管的 "−" 极，如图 1-75（b）所示。此时测出其反向电阻，该阻值较高，一般为几十至几百千欧，这表明二极管的反向特性也是好的。

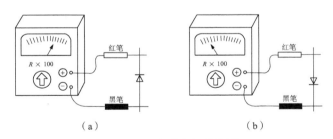

（a）　　　　　　　　　　（b）

图 1-75　二极管好坏的鉴别

经过以上检验，如果二极管的正向、反向特性都是比较好的，那么这只二极管是好的。当然，两阻值之间的差别越大越好。如果测出其阻值为 0，则表示二极管内部已短路；如果测出其阻值极大，其至为∞，则表示这只二极管内部已断路。这两种情况都说明二极管已经坏了。

硅管的正向与反向电阻值一般都比锗管的大。

⑤ 测试过程。二极管极性、正向电阻和反向电阻的测量，管型和质量的识别方法如下。

● 在元件盒中取出两只不同型号的二极管，用万用表鉴别极性。

● 将万用表拨到 $R×10Ω$ 或 $R×1kΩ$ 欧姆挡，测量二极管的正、反向电阻，并判断其性能好坏，把测量结果填入表 1-7 中。

表1-7 二极管的测试

阻值型号	正向电阻	反向电阻	正向压降	管　型	质量差别

● 按图1-76所示接线，稳压电源输出调至1.5V，判别二极管的管型（硅管或锗管）。

（2）二极管伏安特性曲线的测试

① 按图1-77所示在电路板上连接线路，经检查无误后，接通5V直流电源。

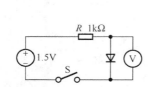

图1-76　二极管管型判别接线图

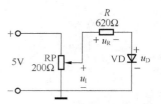

图1-77　伏安特性曲线测试电路

② 调节电位器RP，使输入电压u_I按表1-8所示从零逐渐增大至5V。

③ 用万用表分别测出电阻R两端的电压u_R和二极管两端电压u_D，并根据$i_D=u_D/R$算出通过二极管的电流i_D，记录于表1-8中。

表1-8 二极管的正向特性

u_I（V）		0.00	0.4	0.5	0.6	0.7	0.8	1.0	1.5	2.0	3.0	4.0	5.0
第一次测量	u_R（V）												
	u_D（V）												
第二次测量	u_R（V）												
	u_D（V）												
平均值	u_R（V）												
	u_D（V）												
	i_D（mA）												

④ 用同样的方法进行两次测量，然后取平均值，即可得到二极管的正向特性。

⑤ 将图1-77所示电路的电源正负、极性互换，使二极管反偏，然后调节电位器RP，按表1-9所示的u_I值，分别测出对应的u_R和u_D值。

表1-9 二极管的反向特性

u_I（V）	0.00	0.4	0.5	0.6	0.7	0.8	1.0	1.5	2.0	3.0	4.0	5.0
u_R（V）												
u_D（V）												
i_D（μA）												

（3）半导体三极管的识别与测试

① 观看实物，熟悉三极管的外形，如图 1-78 所示。

② 三极管的识别。查阅手册，记录所给三极管的类别、型号及主要参数。

③ 判别基极。对于 NPN 型三极管，将万用表拨到 $R \times 1k\Omega$（或 $R \times 100\Omega$）欧姆挡。如图 1-79 所示，假定任一引脚为基极，用黑表笔搭在其上，而用红表笔分别搭接另两个引脚，若阻值一大一小，则假定不对。再假定另一引脚为基极，直到用同样的方法测得两阻值均较小，则黑表笔所接的就是三极管的基极。若为 PNP 型三极管，测试方法相同。

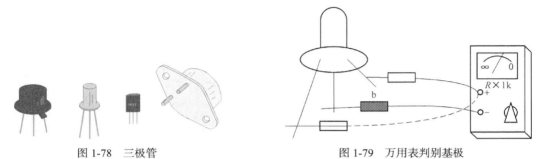

图 1-78　三极管　　　　　　　　　　　　　　图 1-79　万用表判别基极

按实验室提供的三极管，用万用表判别三极管的引脚和管型，记录于表 1-10 中。

表 1-10　　　　　　　　　　　　　　　三极管基极与管型的判别

型　　　号	引　脚　图	管　　　型

④ 判别集电极和发射极。基极判断出来后，如图 1-80 所示，将万用表的两个表笔搭接到另外两个引脚上测试，用手捏住基极和假定的集电极，但两电极一定不能相碰。然后将表笔进行对调测试，比较两次的阻值大小，阻值小的一次测试中，黑表笔所接的引脚为集电极，另一引脚为发射极。

对于 PNP 型三极管，也可采用同样的方法进行判断，只是以红表笔接假定的基极，测得两阻值均较小时，红表笔所接的引脚就是基极。判断发射极与集电极时，阻值小的一次测试中，红表笔所接的引脚为集电极，另一引脚为发射极。

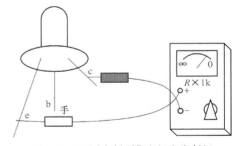

图 1-80　万用表判别集电极和发射极

按实验室提供的三极管，用万用表判别三极管的发射极和集电极的引脚，记录于表 1-11 中。

表 1-11　　　　　　　　　　　三极管发射极与集电极引脚的判别

型　　　号	红　表　笔	黑　表　笔	阻值（kΩ）	假定的结论	合　格　否
NPN 型	假定的发射极 "e"	假定的集电极 "c"			
	假定的集电极 "c"	假定的发射极 "e"			
PNP 型	假定的发射极 "e"	假定的集电极 "c"			
	假定的集电极 "c"	假定的发射极 "e"			

⑤ 判别三极管性能。

● 穿透电流。如图 1-81 所示，选用万用表 $R×1kΩ$（或 $R×100Ω$）欧姆挡，用红、黑表笔分别搭接在集电极和发射极上测三极管的反向电阻。较好的三极管的反向电阻应大于 $50kΩ$，阻值越大，说明穿透电流越小，三极管性能也就越好。若测量的限值为 0，说明三极管被击穿或引脚短路。

● 电流放大系数。将万用表置于 $R×1kΩ$（或 $R×100Ω$）欧姆挡，黑表笔接集电极，红表笔接发射极。在基极—集电极间接入 $100kΩ$ 的电阻，如图 1-82 所示。万用表的指针向右偏转越大，说明电流放大系数越大。

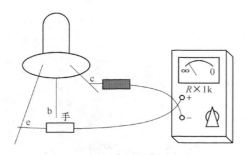

图 1-81　万用表测量穿透电流

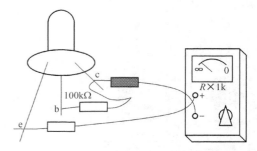

图 1-82　万用表测量电流放大系数

● 稳定性能。在测试穿透电流的同时，用手捏住管壳，三极管将受人体温度的影响，所测的反向电阻将减小。若万用表指针变化不大，说明三极管的稳定性较好；若万用表指针迅速右偏，说明三极管稳定性差。

根据实验室提供的三极管，用万用表检测其质量性能，并将实验数据填入表 1-12 中。

表 1-12　　　　　　　　　　　三极管质量性能的检测

型　　号	b、e 间正向电阻（kΩ）	b、c 间正向电阻（kΩ）	c、e 间电阻（kΩ）	合　格　否

（4）三极管特性的测试

① 三极管电路电压传输特性的测试。

● 按图 1-83 所示电路接线，检查无误后接通直流电源电压 V_{CC}。

● 调节电位器 RP，使输入电压 u_i 由零逐渐增大，如下表所示。用万用表测出对应的 u_{BE}、u_o 值，并计算出 i_C，记入表 1-13 中。

表 1-13　　　　　　　　　　　三极管的电压传输特性

u_i	0	1.00	2.00	2.50	3.00	3.50	4.00	5.00	6.00	7.00	8.00	9.00
u_{BE}												
u_O												
i_C												

● 在坐标纸上作出电压传输特性 $u_o = f(u_i)$ 和转移特性 $i_C = f(u_{BE})$，求出线性部分的电压放大倍数 $A_u = \dfrac{\Delta u_o}{\Delta u_i}$ 的值。

② 三极管电路恒流特性研究。

● 按图 1-84 所示接线，检查无误后接通直流电源电压 V_{CC}。

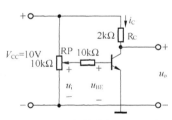

图 1-83 三极管特性测试电路

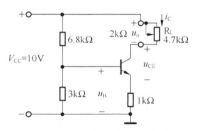

图 1-84 三极管恒流源电路

● 调节 R_L 从 0 逐渐增大到 4.7kΩ，分别测出 u_o 值，并计算出 i_C 值，填入表 1-14 中。

表 1-14   三极管的恒流特性

R_L（kΩ）	0	0.50	1.00	2.00	2.50	3.50	4.70
u_o（V）							
U_{CE}（V）							
U_B（V）							
i_C（mA）							

● 作出 $i_C = f(u_o)$ 曲线，并进行分析。

（5）场效应管的测试

① 观看实物，熟悉场效应管的外形，如图 1-85 所示。

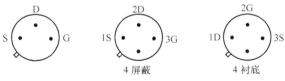

（a）3DJ 管脚   （b）结型场效应管   （c）绝缘栅场效应管

图 1-85 场效应管的外形

② 识别场效应管。查阅手册，记录所给场效应管的类别、型号及主要参数。

③ 识别结型场效应管的引脚。场效应管的栅极相当于三极管的基极，源极和漏极分别对应于三极管的发射极和集电极。将万用表置于 $R×1kΩ$ 挡，用两表笔分别测量每两个引脚间的正、反向电阻。当某两个引脚间的正、反向电阻相等，均为数千欧时，这两个引脚为漏极 D 和源极 S（可互换），余下的一个引脚即为栅极 G。对于有 4 个引脚的结型场效应管，另外一极是屏蔽极（使用中接地）。

④ 判定栅极。用万用表黑表笔碰触场效应管的一个电极，红表笔分别碰触另外两个电极。若两次测出的阻值都很小，说明均是正向电阻，该管属于 N 沟道场效应管，黑表笔接的也是栅极。

⑤ 估测场效应管的放大能力。将万用表拨到 $R×100Ω$ 挡，红表笔接源极 S，黑表笔接漏极 D，相当于给场效应管加上 1.5V 的电源电压。这时表针指示出的是 D-S 极间电阻值。然后用手指捏栅极 G，将人体的感应电压作为输入信号加到栅极上。由于场效应管的放大作用，U_{DS} 和 I_D 都将发生变化，也相当于 D-S 极间电阻发生变化，可观察到表针有较大幅度的摆动。如果手捏栅极时表针摆动很小，说明场效应管的放大能力较弱；若表针不动，说明管子已经损坏。

按实验室提供的场效应管，用万用表判别场效应管的引脚和管型，记录于表 1-15 中。

表 1-15　　　　　　　　　　　　　场效应管的判别

型　号	引　脚	管　型	质　量

（6）晶闸管的测试及导通关断

① 鉴别晶闸管的好坏。用万用表 $R×1k\Omega$ 电阻挡测量两只晶闸管的阳极（A）与阴极（K）之间、控制极（G）与阳极（A）之间的正、反向电阻。用万用表 $R×10\Omega$ 电阻挡测量两只晶闸管的控制极（G）与（K）阴极之间的正、反向电阻，鉴别被测晶闸管的好坏。

② 晶闸管的导通条件。

● 实验线路如图 1-86 所示，将开关 S_1、S_2 处于断开状态。

● 加 30V 正向阳极电压，控制极开路或接~4.5V（+4.5V）电压，观察晶闸管是否导通，灯泡是否亮。

● 加 30V 反向阳极电压，控制极开路或接~4.5V（+4.5V）电压，观察晶闸管是否导通，灯泡是否亮。

● 阳极、控制极都加正向电压，观察晶闸管是否导通，灯泡是否亮。

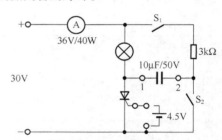

图 1-86　晶体管的导通关断条件实验电路

● 灯亮后去掉控制极电压，观察灯泡是否继续亮；再在控制极加−3.5V 的反向控制极电压，观察灯泡是否继续亮。

● 将以上结果填入表 1-16 中。

表 1-16　　　　　　　　晶闸管导通条件（阳极 A 与阴极 K 之间为 30V 电压）

序　号	阳　极 A	阴　极 K	控　制　极 G	灯泡状态	晶闸管状态
1	正	负	开路		
2	正	负	负电压		
3	正	负	正电压		
4	负	正	开路		
5	负	正	负电压		
6	负	正	正电压		

③ 晶闸管的关断条件实验。

● 实验线路如图 1-86 所示，将开关 S_1、S_2 处于断开状态。

● 阳极、控制极都加正向电压，使晶闸管导通，灯泡亮。断开控制极电压，观察灯泡是否亮。断开阳极电压，观察灯泡是否亮。

● 重新使晶闸管导通，灯泡亮。而后闭合开关 S_1，断开控制极电压，然后接通 S_2，看灯泡是否熄灭。

● 在 1、2 端换接上 0.22μF/50V 的电容，再重复步骤③，观察灯泡是否熄灭。

4. 实训报告

（1）整理实训目的、实训内容和测试仪表及材料。

（2）列出所测二极管的类别、型号、主要参数、测量数据及质量好坏的判别结果。

（3）列出所测三极管的类别、型号、主要参数、测量数据及质量好坏的判别结果。

（4）绘制三极管特性测试曲线，并分析数据。

（5）列出所测场效应管的类别、型号及质量好坏的判别结果。

（6）总结晶闸管的导通条件和关断条件。

（7）总结简易判断晶闸管好坏的方法。

5. 注意事项

（1）为了安全，用万用表 $R\times100\Omega$ 挡或 $R\times1k\Omega$ 挡测试。如果使用 $R\times1\Omega$ 等量程挡，由于这时万用表内阻比较小，测量二极管（三极管）时，正向电流比较大，可能超过二极管（三极管）允许电流而使其损坏。

（2）如果使用 $R\times10k\Omega$ 挡，这时万用表内部用的是十几伏以上的电池，测量二极管（三极管）的反向电阻时，有可能把其击穿。

（3）测量时手不要接触三极管引脚。

（4）插入数字万用表三极管挡（h_{FE}），直接测量三极管 β 值或判断管型及引脚。

（5）NPN 和 PNP 管分别按 ebc 排列插入不同的孔需要准确测量 β 值时，应先进行校正。

（6）由于人体感应的 50Hz 交流电压较高，而不同的场效应管用电阻挡测量时的工作点可能不同，因此用手捏栅极时表针可能左右摆动。少数的场效应管 R_{DS} 减小，使表针向右摆动，多数场效应管的 R_{DS} 增大，表针向左摆动。无论表针的摆动方向如何，只要能有明显的摆动，就说明场效应管具有放大能力。

（7）为了保护 MOS 场效应管，必须用手握住螺钉旋具的绝缘柄，用金属杆去碰栅极，以防止人体感应电荷直接加到栅极上，将场效应管损坏。

（8）MOS 管每次测量完毕，G-S 结电容上会充有少量电荷，建立起电压 U_{GS}，再接着测量时表针可能不动，此时将 G-S 极间短路一下。

（9）由于场效应管的源极和漏极是对称的，可以互换使用，并不影响电路的正常工作，所以不必加以区分。源极与漏极间的电阻约为几千欧。

（10）注意不能用上述方法判定绝缘栅型场效应管的栅极。因为这种场效应管的输入电阻极高，栅源间的极间电容又很小，测量时只要有少量的电荷，就可在极间电容上形成很高的电压，容易将场效应管损坏。

1.8　本章小结

（1）半导体材料中有两种载流子：电子和空穴。电子带负电，空穴带正电。在纯净半导体中掺入不同的杂质，可以得到 N 型半导体和 P 型半导体。

（2）采用一定的工艺措施，使 P 型和 N 型半导体结合在一起，就形成了 PN 结。PN 结的基本特点是单向导电性。

（3）二极管是由一个 PN 结构成的。其特性可以用伏安特性和一系列参数来描述。

（4）三极管是由两个 PN 结构成的。工作时，有两种载流子参与导电，称为双极性晶体管。三极管是一种电流控制电流型的器件，改变基极电流就可以控制集电极电流。三极管的特性可用输入特性和输出特性来描述，其性能可以用一系列参数来表征。有 3 个工作区：饱和区、放大区和截止区。

（5）场效应管分为 JFET 和 MOSFET 两种。工作时只有一种载流子参与导电，因此称为单极性晶体管。场效应管是一种电压控制电流型器件。改变其栅源电压就可以改变其漏极电流。场效应管的特性可用转移特性和输出特性来描述。其性能可以用一系列参数来表征。

（6）晶闸管是一种功率半导体器件，可以在高电压大电流状态下运行。晶闸管是由 4 层半导体、3 个 PN 结构成的一种可控整流器件。

1.9 习题

1. 本征半导体是指_____半导体。当温度升高时，本征半导体的导电能力会_____。

2. 二极管的伏安特性可简单理解为_____导通、_____截止的特性。导通后，硅管的管压降约为_____，锗管的管压降约为_____。

3. 三极管的输出特性曲线可分为 3 个区域，即_____区、_____区和_____区。当三极管工作在_____区时，关系式 $I_C = \bar{\beta} I_B$ 才成立；当三极管工作在_____区时，$I_C = 0$；当三极管工作在_____区时，$U_{CE} \approx 0$。

4. 三极管的反向饱和电流 I_{CBO} 随温度升高而_____，穿透电流 I_{CEO} 随温度升高而_____，β 值随温度的升高而_____。

5. 某三极管的管压降 U_{CE} 保持不变，基极电流 $I_B = 30\mu A$ 时，$I_C = 1.2mA$，则发射极电流 $I_E = $_____。如果基极电流 I_B 增大到 $50\mu A$ 时，I_C 增加到 $2mA$，则三极管的电流放大系数 $\beta = $_____。

6. PNP 型三极管处于放大状态时，3 个电极中电位最高的是_____，_____极电位最低。

7. 场效应管主要有_____和_____两类。

8. 场效应管的工作特性受温度的影响比晶体三极管_____。

9. 由于场效应管几乎不存在_____，所以其输入直流电阻_____。

10. P 型半导体中空穴多于自由电子，则 P 型半导体呈现的电性为（   ）。
    A. 正电　　　　　　　　B. 负电　　　　　　　　C. 中性

11. 如果二极管的正、反向电阻都很小，则该二极管（   ）。
    A. 正常　　　　　　　　B. 已被击穿　　　　　　C. 内部断路

12. 稳压管两端电压的变化量与通过电流的变化量之比值称为稳压管的动态电阻。稳压性能好的稳压管其值（　　　）。

    A. 较大　　　　　　　　　　B. 较小　　　　　　　　　　C. 不定

13. 有两个 2CW15 稳压二极管，一个稳压值是 8V，另一个稳压值为 7.5V，若把两管的正极并接，再将负载并接，组合成一个稳压管接入电路，这时组合的稳压值是（　　　）V。

    A. 8　　　　　　　　B. 7.5　　　　　　　　C. 15.5　　　　　　　　D. 0.75

14. 三极管是一种（　　　）的半导体器件。

    A. 电压控制　　　　　　　　B. 电流控制　　　　　　　　C. 既是电压又是电流控制

15. 三极管工作在放大状态时，它的两个 PN 结必须是（　　　）。

    A. 发射结和集电结同时正偏　　　　　　　　B. 发射结和集电结同时反偏

    C. 集电结正偏，发射结反偏　　　　　　　　D. 集电结反偏，发射结正偏

16. 在三极管的输出特性曲线中，每一条曲线与（　　　）对应。

    A. 输入电压　　　　　　　　B. 基极电压　　　　　　　　C. 基极电流

17. 有 3 只晶体三极管，除 β 和 I_{CBO} 不同外，其他参数一样，用作放大器件时，应选用（　　　）管为好。

    A. $\beta = 50$，$I_{CBO} = 0.5\mu A$　　　　　　　　B. $\beta = 140$，$I_{CBO} = 2.5\mu A$

    C. $\beta = 10$，$I_{CBO} = 0.5\mu A$

18. 分析如图 1-87 所示的电路中，各二极管是导通还是截止？试求 AO 两点间的电压 u_{AO}（设所有二极管均为理想型，即正偏时正向压降为 0，正向电阻为 0；反向电阻为 0，反向电阻为 ∞）。

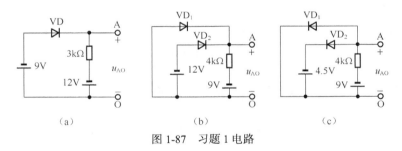

    （a）　　　　　　　　　　（b）　　　　　　　　　　（c）

图 1-87　习题 1 电路

19. 在电路中测得下列三极管各极对地电位如图 1-88 所示，试判断三极管的工作状态（图中 PNP 管为锗材料，NPN 管为硅材料）。

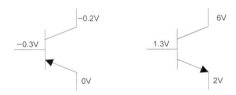

图 1-88　三极管各极对地电位

20. 某晶体管电路中，已知晶体管工作于放大状态，现用万用表测得 3 只管脚对地的电位是：1 脚 5V，2 脚 2V，3 脚 1.4V。试判断管子类型、材料及管脚的极性。

21. 为什么说晶闸管具有"弱电控制强电"的作用？

22. 画出桥式晶闸管整流电路，并简答其工作原理。

第2章

晶体管放大电路

能把微弱的电信号放大并转换成较强的电信号的电路，称为放大电路，简称放大器。放大器是最基本、最常见的一种电子电路，也是构成各种电子设备的基本单元之一。

本章学习目标

- 掌握三极管共发射极放大电路和射极输出器的原理；
- 掌握放大电路的分析和计算；
- 了解差动放大电路的组成和原理；
- 了解功率放大电路的特点及互补对称放大电路的原理。

2.1 共发射极基本放大电路

为了了解放大电路的工作原理，我们先从最基本的共发射极放大电路谈起。

2.1.1 放大电路的基本知识

分析放大电路的原理，就需要了解放大电路的基本概念。

1. 放大电路的功能及基本要求

放大电路最基本的功能就是放大，即将微弱的电信号变成较强的电信号，也就是说，放大电路能把电压、电流或功率放大到要求的量值。

放大作用是一种控制作用，它是用较弱的信号去控制较强的信号，也就是在输入信号的控制下，把电源功率转化为输出信号功率。

放大电路的基本要求如下。

（1）一定的输出功率

简易路灯自动开关电路如图 2-1 所示，当光照很弱时，电路的输出功率不足以使继电器动作，路灯不会熄灭。只有当输出功率达到继电器的动作功率，使继电器动作时，路灯电源才断开。

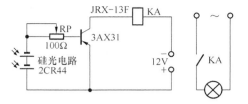

图 2-1　简易路灯自动开关电路

（2）一定的放大倍数

放大电路的输入信号十分微弱，如果要使它的输出达到额定功率，就要求放大器具有足够的电流放大倍数、电压放大倍数或功率放大倍数。

（3）失真要小

很多包含放大电路的仪器设备，如示波器、扩音机，都要求输出信号与输入信号的波形要一样。如果放大过程中波形发生变化就叫失真。

（4）工作稳定

放大电路中的晶体管和其他元件受到外界条件的影响时，放大特性将发生变化。因此，必须采取措施来尽量减少不利因素干扰，保证放大器在工作范围内放大量稳定不变。

2.　放大电路的基本参数

放大电路的基本参数，是描述放大电路性能的重要指标。

（1）放大倍数

放大倍数是衡量放大电路放大能力的指标，用字母 A 表示，常用的表示方法有电压放大倍数、电流放大倍数和功率放大倍数等，其中电压放大倍数应用最多。

放大电路的输出电压有效值 U_o（或变化量 u_o）与输入电压有效值 U_i（或变化量 u_i）之比，称为电压放大倍数 A_u，即

$$A_u = \frac{U_o}{U_i} \text{ 或 } A_u = \frac{u_o}{u_i}$$

（2）输入电阻 r_i

输入电阻 r_i 为放大电路输入端（不含信号源内阻 R_s）的交流等效电阻，如图 2-2 所示。它的电阻值等于输入电压与输入电流之比，即

$$r_i = \frac{u_i}{i_i}$$

（3）输出电阻 r_o

输出电阻 r_o 为放大电路输出端（不包括外接负载电阻 R_L）的交流等效电阻，如图 2-2 所示。其数值等于输出电压与输出电流之比，即

$$r_o = \frac{u_o}{i_o}$$

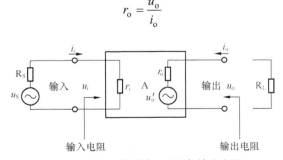

图 2-2　放大电路的输入电阻与输出电阻

从放大电路的性能来说，输入电阻越大越好，输出电阻越小越好。

2.1.2　共发射极放大电路的组成及放大作用

根据输入和输出回路公共端的不同，放大电路有共发射极放大电路、共集电极放大电路和共基极放大电路3种基本形式，如图2-3所示。

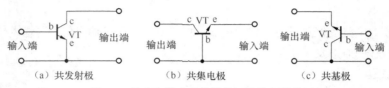

（a）共发射极　　　　　（b）共集电极　　　　　（c）共基极

图2-3　放大电路中晶体管的3种基本形式

1.　共发射极放大电路的组成

图2-4所示为共发射极基本放大电路的常用形式。

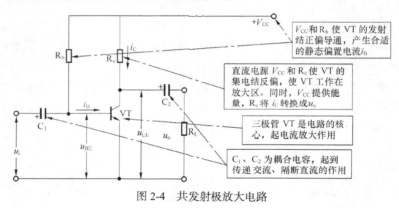

V_{CC}和R_b使VT的发射结正偏导通，产生合适的静态偏置电流i_B

直流电源V_{CC}和R_c使VT的集电结反偏，使VT工作在放大区。同时，V_{CC}提供能量，R_c将i_C转换成u_o

三极管VT是电路的核心，起电流放大作用

C_1、C_2为耦合电容，起到传递交流、隔断直流的作用

图2-4　共发射极放大电路

这个电路的信号由三极管的基极输入、集电极输出，发射极是输入、输出回路的公共端，所以这个电路称为共射放大电路。C_1、C_2常选几微法至几十微法的电解电容器。

2.　共发射极放大电路的工作原理

（1）设置静态工作点的必要性

放大电路输入端未加交流信号（即u_i=0）时的工作状态称为直流状态，简称静态，如图2-5所示。将图2-4所示电路去掉基极电阻R_b，设有偏置的电路的工作波形如图2-6所示。从波形图上可以看出三极管的非线性特性是造成失真的主要原因，因此这种波形失真称为放大电路的非线性失真。

三极管具有非线性特性，Q点过高或过低，都将产生失真。为了避免放大电路产生非线性失真，必须设置合理的静态工作点，即在信号输入前先给三极管发射结加上正向偏置电压U_{BEQ}，使基极有一个起始直流I_{BQ}，如图2-7所示。I_{BQ}一般选在输入

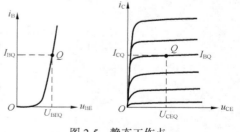

图2-5　静态工作点

特性曲线的线性区中间。

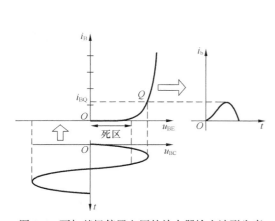

图 2-6　不加基极偏置电压的放大器输出波形失真

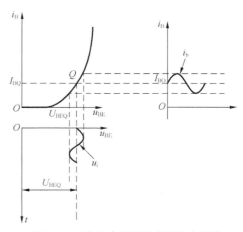

图 2-7　工作点合适的放大器输出波形

（2）共发射极放大电路的工作原理

共发射极放大电路的工作原理如图 2-8 所示。

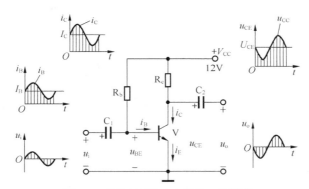

图 2-8　共发射极放大电路的工作原理

输入交流电压信号后，各电极电流和电压大小均发生了变化，都在直流量的基础上叠加了一个交流量，但方向始终不变。输出电压比输入电压大，电路具有电压放大作用。输出电压与输入电压在相位上相差 180°，即共发射极电路具有反相作用。

实现放大的条件如下。

- 晶体管必须工作在放大区。发射结正偏，集电结反偏。
- 正确设置静态工作点，使晶体管工作于放大区。
- 输入回路将变化的电压转化成变化的基极电流。
- 输出回路将变化的集电极电流转化成变化的集电极电压，经电容耦合只输出交流信号。

【例 2-1】　当输入电压为正弦波时，图 2-9 所示三极管有无放大作用？

解：

图 2-9（a）的电路中，V_{BB} 经 R_b 向三极管的发射结提供正偏电压，V_{CC} 经 R_C 向集电结提供反偏电压，因此三极管工作在放大区，但是，由于 V_{BB} 为恒压源，对交流信号起短路作用，因此输入信号 u_i 加不到三极管的发射结，放大器没有放大作用。

图 2-9（b）所示的电路中，由于 C_1 的隔断直流作用，V_{CC} 不能通过 R_b 使管子的发射结正偏即发射结零偏，因此三极管不工作在放大区，无放大作用。

练习题

图 2-10 所示电路能否起到放大作用？若不具有放大作用，该如何改正，使它具有放大作用？

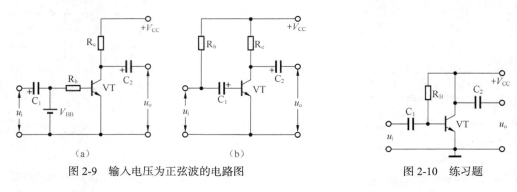

图 2-9　输入电压为正弦波的电路图　　　　　　图 2-10　练习题

3. 放大电路的直流通路和交流通路

放大电路实际工作时，可以把电流量分为直流分量和交流分量。为了便于分析，常将直流分量和交流分量分开来研究，将放大电路划分为直流通路和交流通路。

（1）直流通路

直流通路是指放大电路未加输入信号时，在直流电源 V_{CC} 的作用下，直流分量所流过的路径。直流通路是静态分析所依据的等效电路，画直流通路的原则为：放大电路中的耦合电容、旁路电容视为开路，电感视为短路。图 2-4 所示的共发射极放大电路的直流通路如图 2-11 所示。

（2）交流通路

交流通路是指在交流信号 u_i 作用下，交流电流所流过的路径。交流通路是放大电路动态分析所依据的等效电路，画交流通路的原则有两点，即放大电路的耦合电容、旁路电容都看作短路；电源 V_{CC} 对交流的内阻很小，可看作短路。图 2-4 所示的共发射极放大电路的交流通路如图 2-12 所示。

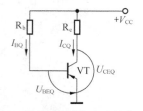　　　　　　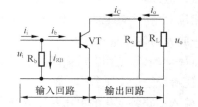

图 2-11　共发射极放大电路的直流通路　　　　图 2-12　共发射极放大电路的交流通路

2.1.3　放大电路的静态分析

对放大电路有了初步的认识后，就需要考虑静态工作点怎样设置，以及电路的放大倍数如何估算等问题，解决这些问题的方法称为放大电路的分析方法。对一个电路进行分析时，首先要进行静态分析，即分析未加输入信号时的工作状态，估算电路中各处的直流电压和直流电流——静态工作点。然后进行动态分析，即分析加上交流输入信号时的工作状态，估算放大电路的各项动态技术指标，如电压放大倍数、输入电阻、输出电阻等。

放大电路的静态分析用于确定放大电路的静态值，即静态工作点 Q：I_{BQ}、I_{CQ}、U_{CEQ}。采用的分析方法是图解法、估算法，分析的对象是各极电压电流的直流分量，所用电路是放大电路的直流通路。静态是动态的基础，设置 Q 点是为了使放大电路的放大信号不失真，并且使放大电路工作在较佳的工作状态。

1. 用图解法确定静态值

图解法就是用作图的方法确定静态值。这个方法能直观地分析和了解静态值的变化对放大电路的影响，如图 2-13 所示。

用图解法确定静态值的步骤如下。

① 在 i_C、u_{CE} 平面坐标上作出晶体管的输出特性曲线。

② 根据直流通路列出放大电路直流输出回路的电压方程式：$U_{CE}=V_{CC}-i_C R_c$。

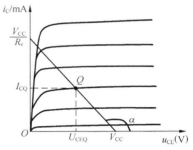

图 2-13 图解法确定静态值

③ 根据电压方程式，在输出特性曲线所在坐标平面上作直流负载线。所以分别取（$i_C=0$，$U_{CE}=V_{CC}$）和（$U_{CE}=0$，$i_C=V_{CC}/R_c$）两点，这两点也就是横轴和纵轴的截距，连接两点，便得到直流负载线。

④ 根据直流通路中的输入回路方程求出 I_{BQ}。

⑤ 找出 $i_B=I_{BQ}$ 这条输出特性曲线，它与直流负载线的交点即为 Q 点（静态工作点），Q 点直观地反映了静态工作点（I_{BQ}、I_{CQ}、U_{CEQ}）的 3 个值，即为所求静态值。

2. 用估算法确定静态值

由图 2-11 所示直流通路估算 I_{BQ}、I_{CQ}、U_{CEQ}。

由基尔霍夫电压定律得　　$I_{BQ} = \dfrac{V_{CC} - U_{BE}}{R_b}$

一般情况下 $U_{BE} \ll V_{CC}$，即　　$I_{BQ} = \dfrac{V_{CC}}{R_b}$

根据电流放大作用　　$I_{CQ} = \bar{\beta} I_{BQ} + I_{CEO} \approx \bar{\beta} I_{BQ} \approx \beta I_{BQ}$

由基尔霍夫电压定律得　　$U_{CEQ} = V_{CC} - I_{CQ} R_C$

【例 2-2】　用估算法确定图 2-4 所示电路的静态工作点。其中 $V_{CC}=12\text{V}$，$R_b=300\text{k}\Omega$，$R_c=4\text{k}\Omega$，$\beta=37.5$。

解：

$$I_{BQ} = \frac{V_{CC}}{R_b} = \frac{12}{300\,000} = 0.04\text{mA}$$

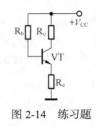

$$I_{CQ} \approx \beta I_{BQ} = 37.5 \times 0.04 = 1.5\text{mA}$$

$$U_{CEQ} = V_{CC} - I_{CQ}R_c = 12 - 0.0015 \times 4000 = 6\text{V}$$

练习题

用估算法计算图 2-14 所示电路的静态工作点（用表达式表示）。

图 2-14　练习题

2.1.4　放大电路的动态分析

放大电路的动态分析是指放大电路有信号输入（$u_i \neq 0$）时的工作状态，用于计算电压放大倍数 A_u、输入电阻 r_i、输出电阻 r_o 等。采用的分析方法是图解法和微变等效电路法，分析的对象是各极电压电流的交流分量，所用电路是放大电路的交流通路。动态分析的目的是为了找出 A_u、r_i、r_o 与电路参数的关系，为电路设计打好基础。

1.　图解法确定电压放大倍数

根据直流负载线 AB 的 Q 点和交流等效负载 R_L'（$R_L' = R_c // R_L = \dfrac{R_c R_L}{R_c + R_L}$，交流负载线的斜率）确定交流负载线 CD，如图 2-15 所示。

图解法确定电压放大倍数如图 2-16 所示。由 u_o 和 u_i 的峰值（或峰峰值）之比可得放大电路的电压放大倍数。

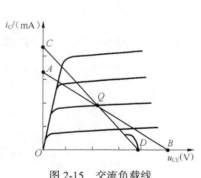

图 2-15　交流负载线

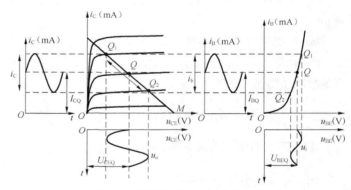

图 2-16　图解法确定电压放大倍数

如果 Q 设置不合适，使晶体管进入截止区或饱和区工作，将造成非线性失真。若 Q 设置过高，晶体管进入饱和区工作，造成饱和失真，如图 2-17 所示。适当减小基极电流可消除饱和失真。若 Q 设置过低，晶体管进入截止区工作，造成截止失真，如图 2-18 所示。适当增加基极电流可消除截止失真。

如果 Q 设置合适，信号幅值过大也可产生失真，减小信号幅值可消除失真。

2.　微变等效电路法

微变等效电路法是把非线性元件晶体管所构成的放大电路等效为一个线性电路，即把非线性的晶体管线性化，等效为一个线性元件。由于晶体管是在小信号（微变量）情况下工作，因此，在静态工作点附近小范围内的特性曲线可用直线近似代替。利用放大电路的微变等效电路可以分析计算放大电路电压放大倍数 A_u、输入电阻 r_i 和输出电阻 r_o 等。

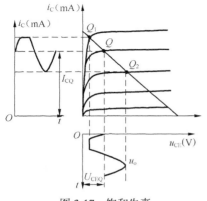

图 2-17　饱和失真

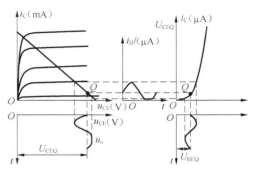

图 2-18　截止失真

三极管输入回路可以等效为一个电阻，用 r_{be}（三极管的等效输入电阻）表示，输出回路可以用一个大小为 $i_C = \beta i_B$ 的理想电流源来等效。三极管的微变等效电路，如图 2-19 所示。

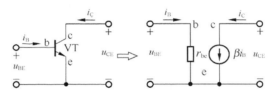

图 2-19　三极管的微变等效电路

理论和实践证明，在低频小信号时，共发射极接法的三极管输入电阻 r_{be} 可用下列经验公式估算：

$$r_{be} = 360 + (1+\beta)\frac{26\text{mV}}{I_{EQ}\text{mA}}$$

3.　用微变等效电路法进行放大电路的动态分析

微变等效电路法分析步骤如下。

① 画出放大电路的交流通路。

② 用三极管的微变等效电路代替交流通路中的三极管，画出微变等效电路。

③ 根据微变等效电路列方程，计算电路的 A_u、r_i、r_o。

【**例 2-3**】　画出图 2-4 所示电路的微变等效电路。

解：

（1）画出图 2-4 所示电路的交流通路，如图 2-20 所示。

（2）根据交流通路画出微变等效电路，如图 2-21 所示。

（3）计算动态性能指标。

① 计算电压放大倍数 A_u。交流电压放大倍数是指输出交流信号电压与输入交流信号电压值之比，用 A_u 表示，即 $A_u = \dfrac{u_o}{u_i}$。

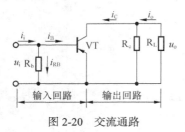

图 2-20　交流通路

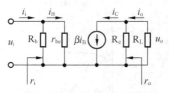

图 2-21　微变等效电路

由图 2-21 共发射极放大电路的微变等效电路得

$$A_u = \frac{u_o}{u_i} = \frac{-\beta i_B R_L'}{i_B r_{be}} = -\beta \frac{R_L'}{r_{be}} \qquad R_L' = R_c // R_L = \frac{R_c R_L}{R_c + R_L}$$

电路空载时，即 $R_L = \infty$，电压放大倍数 $A_u = -\beta \dfrac{R_c}{r_{be}}$。

② 计算输入电阻。由图 2-21 共发射极放大电路的微变等效电路得

$$r_i = R_b // r_{be}$$

若 $r_{be} << R_b$，则输入电阻 $r_i \approx r_{be}$。

③ 计算输出电阻。由图 2-21 所示共发射极放大电路的微变等效电路得

$$r_o = r_{ce} // R_c$$

因 $r_{ce} >> R_c$，则输出电阻 $r_o \approx R_c$。

【例 2-4】　在图 2-21 所示的共发射极基本放大电路的微变等效电路中，已知三极管的 $\beta = 100$，$r_{be} = 1k\Omega$，$R_b = 400k\Omega$，$R_c = 4k\Omega$，求：负载 $R_L = 4k\Omega$ 时的放大倍数；输入电阻 r_i；输出电阻 r_o。

解：

$$R_L' = R_c // R_L = \frac{R_c R_L}{R_c + R_L} = \frac{4 \times 4}{4 + 4} = 2k\Omega; \quad A_u = -\beta \frac{R_L'}{r_{be}} = -100 \times \frac{2}{1} = -200$$

$$r_i \approx r_{be} = 1k\Omega$$

$$r_o \approx R_c = 4k\Omega$$

练习题

在图 2-21 所示的共射极基本放大电路的微变等效电路中，已知三极管的 $\beta = 50$，$r_{be} = 1k\Omega$，$R_b = 200k\Omega$，$R_c = 2k\Omega$，求：（1）负载空载时的放大倍数；（2）输入电阻 r_i；（3）输出电阻 r_o。

2.1.5　共发射极放大电路工作点稳定

共发射极放大电路在实际工作中电源电压的波动、元器件的老化以及温度都会对稳定静态工作点有影响。特别是温度升高对静态工作点稳定的影响最大。当温度升高时，三极管的 β 值将增大，穿透电流 I_{CEO} 增大，U_{BE} 减小，从而使三极管的特性曲线上移。温度升高最终导致三极管的集电极电流 i_C 增大，U_{CE} 减小。因此，为了稳定静态工作点，在实际使用时要采用分压式偏置电路，如图 2-22 所示。

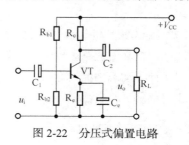

图 2-22　分压式偏置电路

2.2 共集电极放大电路

共集电极放大电路如图 2-23 所示，其交流通路如图 2-24 所示。

由图 2-23 可知，输入电压加在基极与集电极之间，而输出信号电压从发射极与集电极之间取出，集电极成为输入、输出信号的公共端，所以称为共集电极放大电路。又由于它们的负载位于发射极上，被放大的信号从发射极输出，所以又叫作射极输出器。

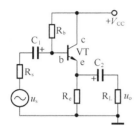

图 2-23 共集电极放大电路

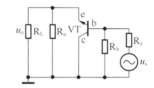

图 2-24 共集电极放大电路的交流通路

1. 共集电极电路（射极输出器）的特点

① 输出电压与输入电压同相且略小于输入电压。

② 输入电阻大。

③ 输出电阻小。

2. 共集电极电路（射极输出器）的应用

共集电极电路（射极输出器）的 3 个特点，决定了它在电路中的广泛应用。

（1）用于高输入电阻的输入级

由于它的输入电阻高，向信号源吸取的电流小，对信号源影响小。因此，在放大电路中多用它做高输入电阻的输入级。

（2）用于低输出电阻的输出级

放大电路的输出电阻越小，带负载能力越强。当放大电路接入负载或负载变化时，对放大电路影响就小，这样可以保持输出电压的稳定。射极输出器输出电阻小，正好适用于多级放大电路的输出级。

（3）用于两级共发射极放大电路之间的隔离级

在共发射极放大电路的级间耦合中，往往存在着前级输出电阻大、后级输入电阻小这种阻抗不匹配的现象，这将造成耦合中的信号损失，使放大倍数下降。利用射极输出器输入电阻大、输出电阻小的特点，将它接入上述两级放大电路之间，这样就在隔离前级的同时起到了阻抗匹配的作用。

2.3 差动放大电路

差动放大电路又称差分放大电路，其输出电压与输入电压之差成正比。它是另一类基本放大电路，由于它在抑制零点漂移等性能方面有很多优点，因而广泛应用于集成电路中。

1. 电路构成

差动放大电路如图 2-25 所示，其中各元器件的作用如下。

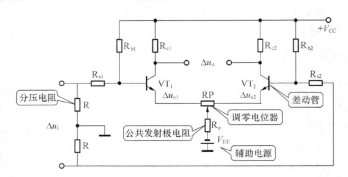

图 2-25　差动放大电路

- 差动管：电路由两个完全对称的单管共射极放大电路结合而成，即 $R_{c1}=R_{c2}$，$R_{b1}=R_{b2}$，$R_{s1}=R_{s2}$，VT_1 和 VT_2 的特性与参数基本一致。
- 电路有两个输入端（输入信号分别加到两差动管的基极）和两个输出端（输出信号取自两差动管的集电极）。输出电压 $\Delta u_o = \Delta u_{o1} - \Delta u_{o2}$。
- 调零电位器：引入调零电位器来抵消元器件参数的不对称，从而弥补电路不对称造成的失调。
- 公共发射极电阻 R_e：稳定静态工作点及抑制零漂。
- 辅助电源 V_{ee}：R_e 越大，抑制零漂效果越好，但 R_e 过大会使其直流压降过大，造成静态电流值下降，差动管输出动态范围减小。为保证放大电路的正常工作，电路中需要接入辅助电源。

2. 电路输入方式

差动放大电路输入信号分为共模信号和差模信号两种。

（1）共模信号

两个大小相等且极性相同的输入信号称为共模输入信号，即 $\Delta u_{i1} = \Delta u_{i2}$，如图 2-26 所示。

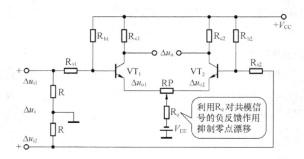

图 2-26　共模输入信号

（2）差模信号

两个大小相等但极性相反的输入信号称为差模输入信号，即 $\Delta u_{i1} = -\Delta u_{i2}$，如图 2-27 所示。

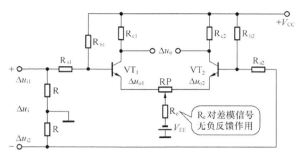

图 2-27 差模输入

为了全面衡量差动放大电路放大差模信号、抑制共模信号的能力，需引入一个新的量——共模抑制比，用 K_{CMR} 表示，其定义式为

$$K_{CMR} = \left| \frac{\Delta A_{ud}}{\Delta A_{uc}} \right|$$

此定义表示共模抑制比越大，差动放大电路放大差模信号（有用信号）的能力越强，抑制共模信号（无用信号）的能力也越强。

差动放大电路是利用电路的对称性和负反馈电阻 R_e 进行抑制零点漂移的，只有在输入差模信号时电路才进行放大，输出端才能输出放大了的信号，"差动"二字也由此而来。

3. 差动放大电路的应用

在图 2-25 所示的电路中，公共发射极电阻 R_e 的阻值越大，抑制零点漂移效果越好，但辅助电源 V_{ee} 也越高，这对电路设计不利，因此需要设计一个具有恒流源的差动放大电路。

为了使 R_e 大时 V_{ee} 能低一些，可以用三极管代替 R_e，这种电路称为晶体管恒流源差动放大电路，如图 2-28 所示。

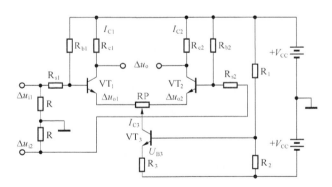

图 2-28 晶体管恒流源差动放大电路

2.4 功率放大电路

功率放大电路通常位于多级放大电路的末级，其作用是将前级电路已放大的电压信号进行功率放大，以推动执行机构工作。例如，让扬声器发音，使偏转线圈扫描，令继电器动作等。从能量控制的观点来看，功率放大电路与电压放大电路并没有本质区别，实质上都是能量转换电路，

只是各自要完成的任务不同。

2.4.1　功率放大电路概述

能输出较大功率的放大电路称为功率放大电路。下面将介绍功率放大电路的基本概念。

1.　功率放大电路的特点

功率放大电路与电压放大电路都属于能量转换电路，是将电源的直流功率转换成被放大信号的交流功率，从而起功率和电压放大的作用。但在放大电路中它们各自的功能是不同的，电压放大电路主要使负载得到不失真的电压信号，所以研究的主要指标是电压放大倍数、输入电阻、输出电阻等。功率放大电路除了对信号进行足够的电压放大之外，还要求对信号进行足够的电流放大，从而获得足够的功率输出。因此，功率放大电路多工作于大信号放大状态，具有动态工作范围大的特点。

2.　功率放大电路的要求

功率放大电路作为放大电路的输出级，必须满足如下要求。

（1）尽可能大的输出功率

输出功率等于输出交变电压和交变电流的乘积。为了获得最大的输出功率，担任功率放大任务的三极管的工作参数往往接近极限状态，这样在允许的失真范围内才能得到最大的输出功率。

（2）尽可能高的效率

从能量观点看，功率放大电路是将集电极电源的直流功率转换成交流功率输出。放大器向负载所输出的交流功率与从电源吸取的直流功率之比，用 η 表示，即

$$\eta = \frac{P_{\mathrm{o}}}{P_{\mathrm{v}}} \times 100\%$$

式中，P_{v} 为集电极电源提供的直流功率，P_{o} 是负载获得的交流功率。该比值越大，效率越高。

（3）较小的非线性失真

功率放大电路往往在大动态范围内工作，电压、电流变化幅度大，这样，就有可能超越输出特性曲线的放大区，进入饱和区和截止区而造成非线性失真。因此，必须将功率放大电路的非线性失真限制在允许的范围内。

（4）较好的散热装置

功率放大管工作时，在功率放大管的集电结上将有较大的功率损耗，使管子温度升高，严重时可能毁坏三极管。因此多采用散热板或其他散热措施降低管子温度，保证足够大的功率输出。

总之，只有在保证晶体管安全工作的条件下和允许的失真范围内，功率放大电路才能充分发挥其潜力，输出尽量大的功率，同时减小功率放大管的损耗以提高效率。

3.　功率放大电路的分类

根据所设静态工作点的不同状态，常用功率放大电路可分为甲类、乙类、甲乙类等。

① 甲类功率放大电路在输入信号的整个周期内，功率放大管都有电流通过，如图 2-29（a）所示。

② 乙类功率放大电路只在输入信号的正半周导通，在负半周截止，如图 2-29（b）所示。

③ 甲乙类功率放大电路三极管导通的时间大于信号的半个周期，即介于甲类和乙类中间，如图 2-29（c）所示。

甲类状态下效率只有 30% 左右，最高不超过 50%。乙类状态下效率提高到 78.5%，但输出信号在越过功率放大管死区时得不到正常放大，从而产生交越失真，如图 2-30 所示。

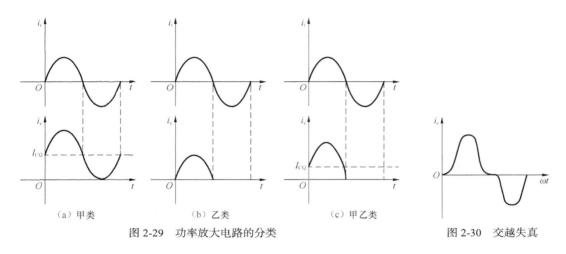

（a）甲类　　　　　　（b）乙类　　　　　　（c）甲乙类

图 2-29　功率放大电路的分类

图 2-30　交越失真

2.4.2　互补对称电路

互补对称功率放大电路按电源供给的不同，分为双电源互补对称电路（OCL 电路）和单电源互补对称电路（OTL 电路）。

1. 双电源互补对称电路

OCL 基本电路结构与工作原理如图 2-31 所示。

两管轮流交替工作，互相补充，因此这种电路称为互补对称电路。VT$_1$、VT$_2$ 分别为 NPN 管和 PNP 管，从该电路的交流通路可以看出，两管的基极连在一起，作为信号的输入端；发射极连在一起作为信号的输出端，而集电极则是输入输出信号公共端，即两只三极管均为射极输出器的组合形式。

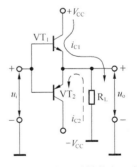

图 2-31　OCL 基本电路结构与工作原理

乙类放大电路静态 i_C 为零，具有效率高的特点。但有信号输入时，必须要求信号电压大于死区电压时才能导通。显然在死区范围内是无电压输出的，以至于在输出波形正负半周交界处造成交越失真，如图 2-32 所示。

为了消除交越失真，可将电路设计在甲乙类放大状态，其电路如图 2-33 所示。

2. 单电源互补对称电路

OCL 电路具有线路简单、效率高等特点，但若要用两个电源供电，会给使用和维修带来不便。

在现行功放电路中，使用更为广泛的单电源互补对称电路，又称为 OTL 电路。

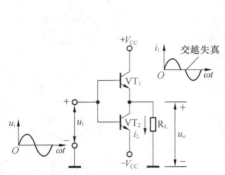

图 2-32　乙类放大电路的交越失真

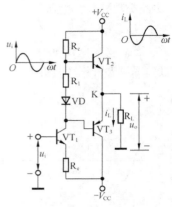

图 2-33　加偏置电路的 OCL 电路

OTL 基本原理电路如图 2-34 所示。

这种电路由于工作于乙类放大状态，不可避免地存在着交越失真。为克服这一缺点，多采用工作于甲乙类放大状态的 OTL 电路，如图 2-35 所示。

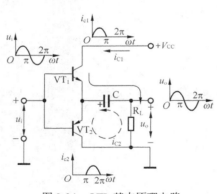

图 2-34　OTL 基本原理电路

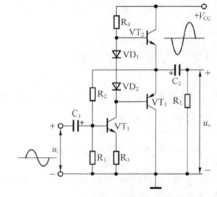

图 2-35　OTL 功放电路

在输出功率较大时，由于大功率管的电流放大系数 β 较小，而且很难找到特性接近的 PNP 型和 NPN 型大功率三极管，因此实际电路中采用复合管来解决这个问题。把两个或两个以上的三极管的电极适当地连接起来，等效为一个使用，即为复合管。复合管的类型取决于第一只三极管，其电流放大系数近似等于各只三极管 β 值的乘积。

2.4.3　集成功率放大电路

目前集成功放电路已大量涌现，其内部电路一般均为 OTL 或 OCL 电路，集成功放除了具有分立元件 OTL 或 OCL 电路的优点外，还具有体积小、工作稳定可靠、使用方便等优点，因而获得了广泛的应用。低频集成功放的种类很多，美国国家半导体公司生产的 LM386 就是一种小功率音频放大集成电路。该电路功耗低、允许的电源电压范围宽、通频带宽、外接元件少，广泛应用于收录机、对讲机、电视伴音等系统中，LM386 引脚图如图 2-36 所示。

用 LM386 制作单片收音机的电路如图 2-37 所示。L 和 C_1 构成调谐回路，可选择要收听的电台信号；C_2 为耦合电容，将电台高频信号送至 LM386 的同相输入端；由 LM386 进行检波及功率放大，放大后信号从第 5 脚输出推动扬声器发声。电位器 RP 用来调节功率放大的增益，即可调节扬声器的音量大小。当 RP 值调至最小时，电路增益最大，所以扬声器的音量大。R_1、C_5 构成串联补偿网络，与呈感性的负载（扬声器）相并联，最终使等效负载近似呈纯阻性，以防止高频自激和过压现象。C_4 为去耦电容，用以提高纹波抑制能力，消除低频自激。

图 2-36　LM386 引脚图

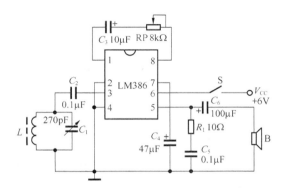

图 2-37　用 LM386 作单片收音机的电路

DG4100 集成功率放大器具有输出功率大、噪声小、频带宽、工作电源范围宽、保护电路等优点，是经常使用的标准集成音频功率放大器。它由输入级、中间级、输出级、偏置电路及过压、过热保护电路等构成。DG4100 的典型应用电路如图 2-38 所示。

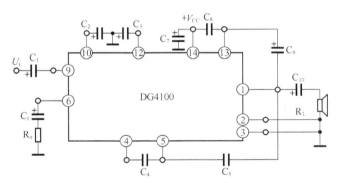

图 2-38　DG4100 的典型应用电路

2.4.4　多级放大电路

在电子系统中，单级放大电路的电压放大倍数往往不能满足设计者的要求，因此要把放大电路的前一级输出接到后一级输入端，构成多级放大电路。

1.　多级放大电路的级间耦合方式

多级放大电路是将各单级放大电路、信号源及负载连接起来，这种连接方式称为耦合。常见的耦合方式有阻容耦合、变压器耦合、直接耦合 3 种。

前级输出电阻与后级输入电阻通过电容连接的方式，称为阻容耦合，如图 2-39 所示。由于变压器能传送交流信号，因此可以利用变压器进行耦合，如图 2-40 所示。

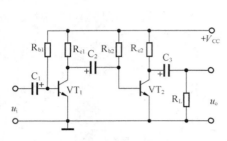

图 2-39　阻容耦合多级放大电路

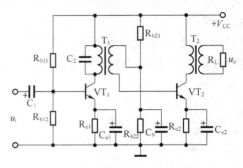

图 2-40　变压器耦合多级放大电路

为了使直流信号能够顺利传输，必须消除耦合电路中的隔直作用，采用直接耦合方式就可以实现这一要求，如图 2-41 所示。由于它能够传输直流信号，所以直接耦合多级放大电路也被称为直流放大电路。

多级放大电路的级间耦合方式的基本要求：保证信号在级与级之间能够顺利地传输；耦合后，多级放大电路的性能必须满足实际的要求；各级电路仍具有合适的静态工作点。

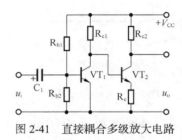

图 2-41　直接耦合多级放大电路

2.　多级放大电路的分析

多级放大电路对放大信号而言，属串联关系，前一级的输出信号就是后一级的输入信号。所以，多级放大电路总的电压放大倍数为各级电压放大倍数的乘积，即

$$A_u = A_{u_1} \cdot A_{u_2} \cdots A_{u_n}$$

多级放大电路的输入电阻和输出电阻与单级放大电路的类似，输入电阻是从输入端看进去的等效电阻，也就是第一级的输入电阻 $r_i = r_{i1}$，输出电阻是从输出端看进去的等效电阻，即最后一级的输出电阻 $r_o = r_{on}$。

2.5　实验　集成功率放大器的应用

1.　实验目的

（1）熟悉集成功率放大器的功能及应用。
（2）掌握集成功率放大器应用电路的调整与测试。

2.　实验原理

集成功放 LM386 应用电路如图 2-42 所示。

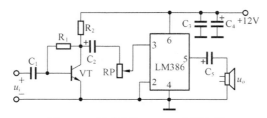

图 2-42　集成功放 LM386 应用电路

3.　实验器材

直流稳压电源、低频信号发生器、示波器、万用表、毫伏表、实验线路板、扬声器和话筒，元器件数量和品种如表 2-1 所示。

表 2-1　　　　　　　　　　　　　　元器件数量和品种

编　号	名　　称	参　数	编　号	名　　称	参　数
R_1	电阻	$1M\Omega$	R_2	电阻	$4.7k\Omega$
RP	可调电阻	$100k\Omega$	C_1	电容	$1\mu F/16V$
C_2	电解电容	$10\mu F/16V$	C_3	电容	$0.1\mu F/16V$
C_4	电解电容	$100\mu F/16V$	C_5	电解电容	$100\mu F/16V$
VT	三极管	9013NPN		集成功率放大器	LM386

4.　实验步骤

（1）测试电路如图 2-42 所示，分析电路的工作原理，估算三极管的静态工作点电流和电压。

（2）按图 2-42 所示电路及表 2-1 配置元器件，并对所有元器件进行检测。

（3）按图 2-42 在实验线路板进行组装。经检查接线没有错误后，接通 12V 直流电源。

（4）用万用表的直流电压挡，测量三极管的直流工作点电压以及集成功放 5 脚对地电压，均应符合要求。否则，应切断直流电源进行检查。查出原因后，方可再次接通直流电源进行测试。

（5）输入端用信号发生器输入 800Hz、10mV 左右的音频电压，扬声器中就会有声音发出。调节 RP，声音的强弱会跟随变化。用示波器观察输出波形为正弦波后，再用交流毫伏表测量放大电路的电压增益，$A_u=U_o/U_i$，同时测出最大不失真功率的大小，并与理论值进行比较。

（6）将话筒置于输入端，模拟扩音机来检验该电路的放大效果。

5.　实验报告

（1）整理实验数据。

（2）电路工作原理分析。

（3）静态工作点、电压放大倍数、最大不失真功率的估算、测量值及其分析比较。

6.　注意事项

（1）注意 LM386 的引脚连接方式。

（2）接线要用屏蔽线，屏蔽线的外屏蔽层要接到系统的地线上。

（3）进行故障检查时，需注意测量仪器所引起的故障。

2.6　实训　单管电压放大电路组装与调试

1. 实训目的

（1）了解放大电路的工作过程。

（2）掌握放大电路工作点的调试与测量方法。

（3）掌握示波器测试交流信号波形的方法及交流毫伏表的使用方法。

（4）定性了解静态工作点对放大电路输出波形的影响。

（5）学习单管电压放大电路故障的排除方法，培养独立解决此类问题的能力。

2. 实训器材

直流稳压电源、低频信号发生器、示波器、万用表、毫伏表，实训线路板。元器件的品种和数量如表 2-2 所示。

表 2-2　　　　　　　　　元器件的品种和数量

编　号	名　　称	参　数	编　号	名　　称	参　数
VT	放大管	3DF6	R_{b1}	电阻	20kΩ
R_{b2}	电阻	20kΩ	R_e	电阻	1kΩ
R_c	电阻	2.4kΩ	R_L	电阻	2.4kΩ
RP	可调电阻	100kΩ	C_1	电解电容	10μF
C_2	电解电容	10μF	C_e	电解电容	50μF

3. 预习要求

（1）单管电压放大电路如图 2-43 所示。分析电路的工作原理，指出各元器件的作用并说明元器件值的大小对放大电路特性有何影响。

（2）计算放大电路的静态工作点、电压放大倍数、输入电阻和输出电阻。

（3）复习有关电子仪器的使用方法，以及放大电路调整与测试的基本方法。

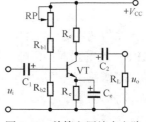

图 2-43　单管电压放大电路

4. 实训步骤

（1）检查元器件

① 用万用表检查元器件，确保质量完好。

② 测量三极管的 β 值。

（2）连接线路

在实训线路板上连接图 2-43 所示的电路。

（3）测量静态工作点

① 将直流电源的输出电压调整到 12V。

② 按图 2-43 接好线路，检查无误后，将 RP 调至最大，信号发生器输出旋钮旋至零。

③ 将集电极与集电极电阻 R_c 断开，在其间串入万用表（直流电流挡）或直流毫安表后，接通直流稳压电源，调节偏置电阻 RP，使 i_C 值为 2mA，再选用量程合适的直流电压表，测出此时 U_{BE}、U_C、U_E、U_{CE} 的静态值，填入表 2-3 中。

表 2-3　　　　　　　　　　　静态工作点的实测数据（测试要求 i=2mA）

测 量 值				计 算 值		
U_B（V）	U_B（V）	U_E（V）	RP（Ω）	U_B（V）	U_{CE}（V）	U_C（V）

④ 测量静态值后，先断开直流电源，卸下直流毫安表，把集电极与集电极电阻 R_c 连接好，再接通 12V 直流稳压电源。

（4）测量电压放大倍数

在放大电路输入端输入频率为 1kHz 的正弦波信号，并调节低频信号发生器输出信号幅度旋钮，使 u_i 的有效值（U_i）为 10mV（可用毫伏表进行测量）。用示波器观察不同负载电阻（R_L）的输出信号 u_o 的波形，并在表 2-4 中绘出输入和输出电压波形图，同时在输出波形不失真的情况下用交流毫伏表测量输出电压 u_o 的有效值 U_o，记入表 2-4 中。

表 2-4　　　　　　　　　　　静态工作点的实测数据（测试要求 i_C=2mA）

E_C=12V、i_C=2mA f=1kHz、U_i=10mV	集电极电阻 R_c=2.4kΩ	负载电阻 R_L	U_o	计算 A_u
		∞		
		2.4kΩ		

记录一组 u_o 与 u_i 波形

输入电压 u_i 波形	输出电压 u_o 波形

（5）观察静态工作点对电压放大倍数的影响

① 将集电极与集电极电阻 R_c 断开，在其间串入万用表（直流电流挡）或直流毫安表后，接通 12V 直流稳压电源。

② 断开负载电阻（R_L=∞），调节低频信号发生器输出信号幅度旋钮，使 u_i 为 0，调节偏置电阻 RP，使 i_C 值为 2mA，测出 U_{CE} 的值。

③ 调节低频信号发生器输出信号幅度旋钮，逐渐增大输入信号 u_i 的幅度，使输出电压 u_o 波形出现失真，绘出输出电压的波形，并测出失真情况下的 U_{CE} 和 I_c 值，记入表 2-5 中。

表 2-5　　　　　　　　　　　静态工作点对电压放大倍数的影响

E_C=12V、f=1kHz、R_c=2.4kΩ、R_L=∞				
I_C（mA）	U_{CE}（V）	输出电压 u_o 波形	失真情况	管子工作情况
2.0				

5. 实训报告

（1）整理训练目的、测试电路及测试内容。

（2）整理测试数据，分析静态工作点、A_u、R_i、R_o的测量值与理论值存在差异的原因。

（3）故障现象及处理情况。

6. 思考题

（1）R_L对放大电路的电压放大倍数有什么影响？

（2）根据实训数据说明设置静态工作点的重要性。

7. 注意事项

（1）电路接线完毕后，应认真检查接线是否正确、牢固。

（2）每次测量时，都要将信号源的输出旋钮旋至零。

2.7 本章小结

（1）三极管加上合适的偏置电路就构成共发射极放大电路（偏置电路保证三极管工作在放大区）。放大电路处于交直流共存的状态。为了分析方便，常将两者分开讨论。放大电路有3种基本分析方法：估算法、图解法、微变等效电路法。

（2）共集电极电路的输出电压与输入电压同相，电压放大倍数小于1而近似等于1。具有输入电阻高、输出电阻低的特点，多用于多级放大电路的输入级或输出级。

（3）差动放大电路对差模信号具有较强的放大能力，对共模信号具有很强的抑制作用，可以消除温度变化、电源波动、外界干扰等具有共模特征信号引起的输出误差电压。

（4）在功率放大电路中提高效率是十分重要的，这不仅可以减小电源的能量消耗，同时对降低功率管损耗、提高功率放大电路工作的可靠性是十分有效的。

2.8 习题

1. 输入电压为400mV，输出电压为4V，则放大电路的电压增益为_____。

2. 射极跟随器的特点是_____、_____、_____。

3. _____交流放大电路工作时，电路中同时存在直流分量和交流分量。直流分量表示静态工作点，交流分量表示信号的变化情况。

4. _____三极管出现饱和失真是由于静态电流 I_{CQ} 选得偏低。

5. _____晶体三极管放大电路接有负载 R_L 后，电压放大倍数将比空载时提高。

6. 为了增大放大电路的动态范围，其静态工作点应选择（   ）。

    A. 截止点   B. 饱和点

    C. 交流负载线的中点   D. 直流负载线的中点

7. 放大电路的交流通路是指（   ）。

    A. 电压回路   B. 电流通过的路径   C. 交流信号流通的路径

8. 共发射极放大电路的输入信号加在三极管的（   ）之间。

    A. 基极和发射极   B. 基极和集电极   C. 发射极和集电极

9. 共集电极放大电路的输入信号加在三极管的（   ）之间。

    A. 基极和发射极   B. 基极和集电极   C. 发射极和集电极

10. 放大器的构成原则有哪些？为什么要设置合适的静态工作点？

11. 图 2-44 所示的电路能否起到放大作用？如果不能，如何改正？

12. 试画图说明分压式偏置电路为什么能稳定静态工作点。

13. 基本放大电路如图 2-45 所示，已知 $V_{CC}=12V$，$\beta=50$，求静态工作点、电压放大倍数、输入电阻和输出电阻。

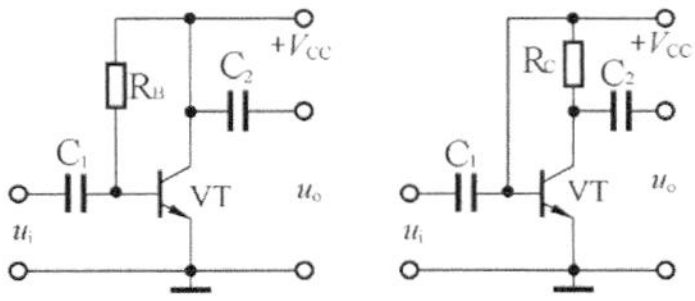

图 2-44 习题 11   图 2-45 习题 13

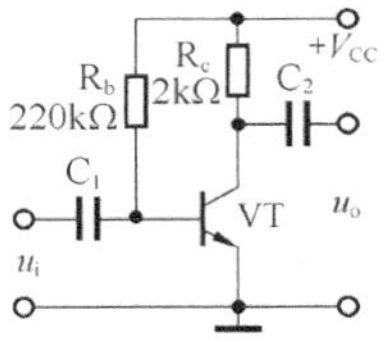

14. 当加在差动放大电路两个输入端的信号_____和_____时，称为差模输入。

15. 在差动放大电路中，R_e 对_____信号呈现很强的负反馈作用，而对_____信号则无负反馈作用。

16. 为什么差动放大电路的零漂比单管放大电路小，而接有 R_e 的差动放大电路的零漂又比未接的差动放大电路小？

17. 功率放大电路主要的作用是_____，以供给负载_____。

18. 对功率放大电路的要求是_____尽可能大、_____尽可能高、_____尽可能小，同时还要考虑_____管的散热问题。

19. 功率放大电路输出功率大是由于（   ）。

    A. 输出电压变化幅值大，而且输出电流变化幅值大

    B. 输出电压最大值，而且输出电流最大值

20. OTL 功放电路中，功放管静态工作点设置在（   ），以克服交越失真。

    A. 放大区   B. 饱和区   C. 截止区   D. 微导通区

21. OCL 功率放大电路采用的电源是（   ）。

    A. 单电源   B. 双电源

    C. 两个电压大小相等且极性相反的正、负直流电源

第3章
集成运算放大电路

集成运算放大电路在各种电子电路中被广泛应用，特别是在各种专用、高性能电路中运用得越来越多。

本章学习目标

- 掌握集成运算放大电路的组成、理想特性及电路符号；
- 掌握集成运算放大电路的基本运算电路；
- 掌握集成运算放大电路的负反馈类型；
- 了解集成运算放大电路的应用；
- 了解电压比较器的原理。

3.1 集成运算放大电路概述

20世纪60年代，随着电子技术的高速发展，继电子管、晶体管两代电子产品之后，人们研制出第三代电子产品——集成电路，使电子技术的发展出现了新的飞跃。

3.1.1 集成电路的特点

集成电路是在一块半导体基片上做出许多电子元器件，并进行封装，做出引脚引线，构成一个不可分割的整体。由于集成电路中各元器件的连接线路短，元器件密度大，外部引线及焊点少，从而大大提高了电路工作的可靠性，缩小体积，减轻重量，简化组装和调试工作，降低产品成本等，因此得到了广泛应用。常用集成电路的外形如图3-1所示。

电阻占用硅片的面积比晶体管大许多，阻值越大，占用硅片面积就越大。为此，集成电路常常由三极管构成恒流源作为大电阻来使用，也可以通过引脚外接大电阻。

图 3-1　常用集成电路的外形

集成电路中用的二极管通常是利用三极管的一个 PN 结作为二极管。

在集成电路硅芯片上制造一只三极管比较容易，而且所占的面积也不大。但是在硅芯片上制造大电容器、电感器十分不方便，也不经济，所以集成电路内各级之间全部采用直接耦合方式，如需大电容器、电感线圈时，就需通过引脚外接。

集成电路的元器件具有良好的一致性和同向偏差，比较有利于实现需要对称结构的电路。

集成电路的芯片面积小，集成度高，因此功耗很小，一般在毫瓦以下。

3.1.2　集成电路的分类

集成电路的种类很多，了解这方面的知识有利于分析集成电路工作原理，其分类如表 3-1 所示。

表 3-1　　　　　　　　　　　　　　集成电路的分类

划分方法及类型		说　明
按集成度划分	小规模集成电路	元器件数目在 100 以下，用字母 SSI 表示
	中规模集成电路	元器件数目在 100~1000 之间，用字母 MSI 表示
	大规模集成电路	元器件数目在 1000 至数万之间，用字母 LSI 表示
	超大规模集成电路	元器件数目在 10 万以上，用字母 VLSI 表示
按处理信号划分	模拟集成电路	用于放大或变换连续变化的电流和电压信号。它又分为线性集成电路和非线性集成电路两种
	数字集成电路	用于放大或处理数字信号
按制造工艺划分	半导体集成电路、薄膜集成电路、厚膜集成电路等	

3.1.3　集成运算放大电路

集成运算放大电路简称运放，是一种具有很高放大倍数的多级直接耦合放大电路，是发展最早、应用最广泛的一种模拟集成电路，具有运算和放大作用。

1．集成运算放大电路的组成

集成运算放大电路由输入级、中间级、输出级、偏置电路 4 部分构成，其结构框图如图 3-2 所示。

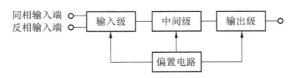

图 3-2　集成运算放大电路的结构框图

- 输入级：由具有恒流源的差动放大电路构成，输入电阻高，能减小零点漂移和抑制干扰信号，具有较高的共模抑制比。
- 中间级：由多级放大电路构成，具有较高的放大倍数，一般采用带恒流源的共发射极放大电路构成。
- 输出级：与负载相接，要求输出电阻低，带负载能力强，一般由互补对称电路或射极输出器构成。
- 偏置电路：由镜像恒流源等电路构成，为集成运放各级放大电路建立合适而稳定的静态工作点。

集成运放 μA741 的电路原理图如图 3-3 所示。

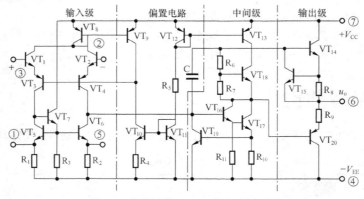

图 3-3　集成运放 μA741 的电路原理图

2. 集成运放的理想模型和基本特点

（1）集成运算放大电路符号

集成运算放大电路的符号如图 3-4 所示。

反相输入端：表示输出信号和输入信号相位相反，即当同相端接地，反相端输入一个正信号时，输出端输出信号为负。

同相输入端：表示输出信号和输入信号相位相同，即当反相端接地，同相端输入一个正信号时，输出端输出信号也为正。

集成运算放大电路符号的含义对应实际集成运放引脚图，如图 3-5 所示。

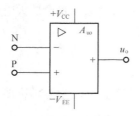

图 3-4　集成运算放大电路符号

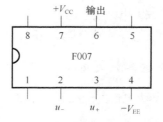

图 3-5　实际集成运放引脚图

集成运算放大电路符号中的"+"、"-"只是接线端名称，与所接信号电压的极性无关。

（2）理想运算放大电路的电路符号

在分析运算放大器的电路时，一般将其看成是理想的运算放大器。理想化的主要条件有

- 开环差模电压放大倍数：$A_{uo} \to \infty$；
- 开环差模输入电阻：$r_i \to \infty$；
- 开环输出电阻：$r_o \to 0$；
- 共模抑制比：$K_{CMR} \to \infty$；
- 开环带宽：f_{bw} 为 $0 \to \infty$。

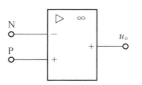

图 3-6 理想运算放大电路的电路符号

理想运算放大电路的电路符号如图 3-6 所示。

（3）理想运算放大电路的两个重要特点

- 两输入端电位相等，即 $u_P = u_N$。

放大电路的电压放大倍数为

$$A_{uo} = \frac{u_o}{u_{PN}} = \frac{u_o}{u_P - u_N} \qquad (3-1)$$

在线性区，集成运放的输出电压 u_o 为有限值，根据运放的理想特性 $A_{uo} \to \infty$，有 $u_P = u_N$，即集成运放同相输入端和反相输入端电位相等，相当于短路，此现象称为虚假短路，简称虚短，如图 3-7 所示。

- 净输入电流等于零，即 $I'_{i+} = I'_{i-} \approx 0$。

在图 3-8 中，运算放大电路的净输入电流 I'_i 为

$$I'_i = \frac{u_P - u_N}{r_i} \qquad (3-2)$$

根据运放的理想特性 $r_i \to \infty$，有 $I'_{i+} = I'_{i-} \approx 0$，即集成运放两个输入端的净输入电流约为零，好像电路断开一样，但又不是实际断路，此现象称为虚假断路，简称虚断，如图 3-8 所示。

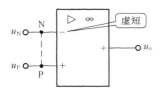

图 3-7 集成运放的虚假短路

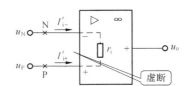

图 3-8 集成运放的虚假断路

由于实际集成运算放大电路的技术指标接近理想化条件，用理想集成运算放大电路分析电路可使问题大为简化。因此，对集成运算放大电路的分析一般都是按理想化条件进行的。

（4）集成运放的主要技术指标

表征集成运算放大电路性能的参数很多，其主要性能指标如表 3-2 所示。

表 3-2　　　　　　　　　　　集成运算放大电路的主要性能指标

参　数	名　称	含　义
U_{IO}	输入失调电压	为使集成运放的输入电压为零时，输出电压为零，在输入端施加的补偿电压称为输入失调电压，其值一般为几毫伏
I_{IB}	输入偏置电流	当集成运放输出电压为零时，两个输入端偏置电流的平均值称为偏置电流。若两个输入端电流分别为 I_{BN} 和 I_{BP}，则 $I_{IB} = (I_{BN} + I_{BP})/2$，一般 I_{IB} 为 10nA ～ 1μA，其值越小越好
I_{IO}	输入失调电流	当集成运放输出电压为零时，两个输入端偏置电流之差称为输入失调电流，I_{IO} 越小越好，其值一般为 1nA ～ 0.1μA

续表

参 数	名 称	含 义
A_{ud}	开环差模电压增益	集成运放在无外加反馈的情况下，对差模信号的电压增益称为开环差模电压增益，其值可达 100～140dB
R_{id}	差模输入电阻	集成运放两输入端间对差模信号的动态电阻，其值为几十千欧到几兆欧
R_{od}	差模输出电阻	集成运放开环时，输出端的对地电阻，其值为几十到几百欧
K_{CMR}	共模抑制比	集成运放开环电压放大倍数与其共模电压放大倍数比值的对数值称为共模抑制比，其值一般大于80dB
U_{IdM}	最大差模输入电压	集成运放输入端间所承受的最大差模输入电压。超过该值，其中一只晶体管的发射结将会出现反向击穿现象
U_{IcM}	最大共模输入电压	集成运放所能承受的最大共模输入电压。超过该值，运算放大器的共模抑制比将明显下降
f_{bw}	开环增益带宽	集成运算放大电路开环差模电压增益下降到直流增益的 $\frac{1}{\sqrt{2}}$ 倍（-3dB）时所对应的频带宽度
SR	转换速率（压摆率）	在集成运算放大电路额定输出电压下，输出电压的最大变化率，即 $SR = \left\| \frac{\mathrm{d}u_0}{\mathrm{d}t} \right\|_{\max}$ 。它反映了集成运算放大电路对高速变化信号的响应情况

3.2　负反馈放大电路

电子设备中的放大电路，通常要求其放大倍数非常稳定，输入输出电阻的大小、通频带以及波形失真等都应满足实际使用的要求。为了改善放大电路的性能，就需要在放大电路中引入负反馈。

3.2.1　反馈的基本概念

反馈是将放大电路输出量的一部分或全部，按一定方式送回到输入端，与输入量一起参与控制，从而改善放大电路的性能。带有反馈的放大电路称为反馈放大电路。反馈的必要条件是要有反馈网络，并且要将输出量送回输入端。反馈网络是连接输出回路与输入回路的支路，多数由电阻元器件构成。

反馈放大电路方框图如图 3-9 所示。

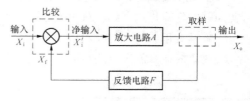

图 3-9　反馈放大电路方框图

当放大电路引入反馈后，反馈电路和放大电路就构成一个闭环系统，使放大电路的净输入量不仅受输入信号的控制，也受放大电路输出信号的影响。

3.2.2　集成运放的反馈类型

目前电子线路中广泛采用的是集成电路，所以我们就分析集成运放的反馈类型。

1. 直流反馈和交流反馈

根据反馈量是交流量还是直流量，可将反馈分为直流反馈与交流反馈。

• 直流反馈：若电路将直流量反馈到输入回路，则称直流反馈。直流反馈多用于稳定静态工作点。

• 交流反馈：若电路将交流量反馈到输入回路，则称交流反馈。交流反馈多用于改善放大电路的动态性能。

【例 3-1】　判断图 3-10 中有哪些反馈回路，是交流反馈还是直流反馈？

解：根据反馈到输入端的信号是交流还是直流还是同时存在，来进行判别。同时，注意电容的"隔直通交"作用，R_f 构成交、直流反馈，C_2 构成交流反馈。

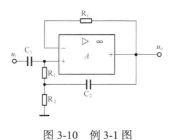

图 3-10　例 3-1 图

2. 正反馈和负反馈

• 负反馈：当输入量不变时，引入反馈后使净输入量减小，放大倍数减小的反馈称为负反馈。负反馈多用于改善放大电路的性能。

• 正反馈：当输入量不变时，引入反馈后使净输入量增加，放大倍数增加的反馈称为正反馈。正反馈多用于振荡电路和脉冲电路。

判别正、负反馈时，可以从判别电路各点对"地"交流电位的瞬时极性入手，即可直接在放大电路图中标出各点的瞬时极性来进行判别。瞬时极性为正，表示电位升高；瞬时极性为负，表示电位降低。判别的具体步骤如下。

① 设接"地"参考点的电位为零。

② 若电路中某点的瞬时电位高于参考点（对交流为电压的正半周），该点电位的瞬时极性为正（用+表示）；反之为负（用−表示）。

③ 若反馈信号与输入信号加在不同输入端（或两个电极）上，两者极性相同时，净输入电压减小，为负反馈；反之，极性相反为正反馈。

④ 若反馈信号与输入信号加在同一输入端（或同一电极）上，两者极性相反时，净输入电压减小，为负反馈；反之，极性相同为正反馈。

【例 3-2】　判断图 3-11 所示电路是正反馈还是负反馈。

解：输入电压为正，各电压的瞬时极性如图 3-12 所示。

根据若反馈信号与输入信号加在不同输入端上，两者极性相同时，净输入电压减小，为负反馈。R_f 是反馈元件，该反馈为负反馈。

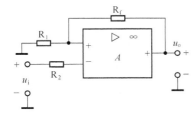

图 3-11　例 3-2 图

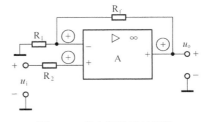

图 3-12　各电压的瞬时极性

练习题

判断图 3-13 所示电路是正反馈还是负反馈?

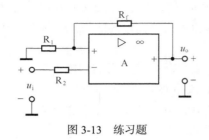

图 3-13　练习题

3. 电压反馈和电流反馈

根据取自输出端反馈信号的对象不同, 可将反馈分为电压反馈和电流反馈。

- 电压反馈: 反馈信号取自输出端的电压, 即反馈信号和输出电压成正比, 称为电压反馈。电压反馈电路如图 3-14 所示。电压反馈时, 反馈网络与输出回路负载并联。
- 电流反馈: 反馈信号取自输出端的电流, 即反馈信号和输出电流成正比, 称为电流反馈。电流反馈电路如图 3-15 所示。电流反馈时, 反馈网络与输出回路负载串联。

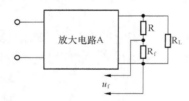

图 3-14　电压反馈的电路

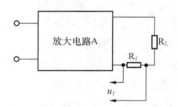

图 3-15　电流反馈的电路

判断电压或电流反馈的方法是将反馈放大电路的输出端短接, 即输出电压等于零, 若反馈信号随之消失, 表示反馈信号与输出电压成正比, 是电压反馈; 如果输出电压等于零, 而反馈信号仍然存在, 则说明反馈信号与输出电流成正比, 是电流反馈。

4. 串联反馈和并联反馈

根据反馈电路把反馈信号送回输入端连接方式的不同, 可分为串联反馈和并联反馈。

- 串联反馈: 把输入端, 反馈电路和输入回路串联连接, 反馈信号与输入信号以电压形式相加减, 如图 3-16 所示。
- 并联反馈: 把输入端, 反馈电路和输入回路并联连接, 反馈信号与输入信号以电流形式相加减, 如图 3-17 所示。

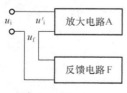

图 3-16　串联反馈

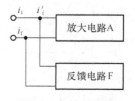

图 3-17　并联反馈

判断串联反馈或并联反馈的方法是将放大电路的输入端短接，即输入电压等于零，若反馈信号随之消失，则为并联反馈；若输入电压等于零，反馈信号依然能加到基本放大电路输入端，则为串联反馈。

5. 负反馈的 4 种组态

负反馈的 4 种组态如表 3-3 所示。

表 3-3　　　　　　　　　　　　　　　　负反馈的 4 种组态

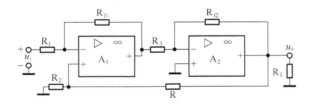

反 馈 类 型	示 意 图	反 馈 类 型	示 意 图
电流串联负反馈		电压串联负反馈	
电流并联负反馈		电压并联负反馈	

【例 3-3】　试判别图 3-18 所示放大电路中从集成运算放大电路 A_2 输出端引至 A_1 输入端的是何种类型的反馈电路。

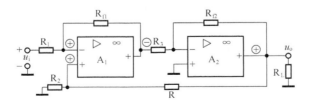

图 3-18　例 3-3 图

解：先在图中标出各点的瞬时极性及反馈信号，如图 3-19 所示。

图 3-19　瞬时极性及反馈信号

根据反馈信号与输入信号加在不同输入端上，两者极性相同时，净输入电压减小，为负反馈。将输出端短接，反馈信号消失，所以是电压反馈。

将输入端短接，反馈信号仍然存在，所以是串联反馈。

反馈元件是 R，反馈类型是电压并联负反馈。

练习题

试判别图 3-20 所示放大电路中从集成运算放大电路 A_2 输出端引至 A_1 输入端的是何种类型的反馈电路。

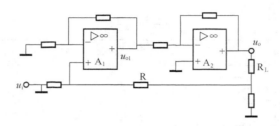

图 3-20 练习题

3.2.3 负反馈对放大电路性能的影响

负反馈可使放大电路很多方面的性能得到改善，下面分析负反馈对放大电路主要性能的影响。

1．降低放大倍数

由图 3-9 可知，引入负反馈后的放大倍数为

$$A_f = \frac{X_o}{X_i} = \frac{A}{1 + AF} \tag{3-3}$$

式中，A 为基本放大电路的放大倍数，称为开环放大倍数，即未引入反馈时的放大倍数；A_f 为引入负反馈后的放大倍数，称为闭环放大倍数。

由于闭环放大倍数是开环放大倍数 A 的 $1/(1+AF)$ 倍，所以引入负反馈后放大电路的放大倍数下降了。

$(1+AF)$ 称为反馈深度，$(1+AF)$ 越大，反馈深度越深，A_f 下降的就越多。当 $(1+AF) \gg 1$ 时，称为深度负反馈，此时，

$$A_f = \frac{A}{1 + AF} \approx \frac{1}{F} \tag{3-4}$$

式（3-4）标明，在深度负反馈时，放大电路的闭环放大倍数主要取决于反馈网络的反馈系数 F。

【例 3-4】 已知负反馈放大电路的开环放大倍数 $A=10^5$，反馈系数 $F=0.01$，求闭环放大倍数。

解：

$$A_f = \frac{A}{1 + AF} = \frac{10^5}{1 + 10^5 \times 0.01} \approx 100$$

练习题

某开环放大电路在输入信号电压为 5mV 时，输出电压为 5V；加上负反馈网络后，达到同样的输出电压时需要输入电压 50mV，求负反馈网络的反馈系数 F。

2. 提高放大倍数的稳定性

在基本放大电路中，由于电路元件的参数和电源电压不稳定，所以当温度、负载等变化时，将引起放大倍数的变化。这时就需要引入负反馈来提高放大倍数的稳定性。

3. 展宽频带

无反馈的放大电路频率特性比较窄，而引入负反馈后，幅度特性就变得平坦，频带展宽。

4. 减小非线性失真

由于三极管是非线性元器件，所以无负反馈放大电路虽然设置了静态工作点，但在输入信号较大时，也会因输入特性的非线性而产生非线性失真。引入负反馈后，非线性失真大幅度减小。

5. 减小内部噪声

放大电路内部产生噪声和干扰，在无负反馈时，会和有用信号一起由输出端输出，严重影响了放大电路的工作质量。引入负反馈可以使有用信号电压、噪声及干扰同时减小。有用信号减小后可以用增大输入信号弥补，但噪声和干扰信号不会增加。

对于外部干扰及与信号同时混入的噪声，采用负反馈的办法是不能解决的。

6. 改变输入、输出电阻

负反馈类型对输入、输出电阻的影响如表 3-4 所示。

表 3-4　　　　　　　　　　　　负反馈类型对输入、输出电阻的影响

反 馈 类 型	输 入 端	输 出 端
	r_{if}	r_{of}
串联负反馈	增大	—
并联负反馈	减小	—
电压负反馈	—	减小
电流负反馈	—	增大

总之，负反馈对放大电路性能的改善有其共性，如所有的交流负反馈都能稳定放大倍数、展宽频带、减小失真等。而不同组态的负反馈，对放大电路性能的改善又有其特殊性，如电压负反馈能稳定输出电压、减小输出电阻、提高带负载能力，串联负反馈能提高输入电阻等。

3.3　集成电路的基本单元电路

集成运算放大电路与外部电阻、电容、半导体器件等构成闭环电路后，能对各种模拟信号进行运算。

运算放大电路工作在线性区时，通常要引入深度负反馈，所以，它的输出电压和输入电压的关系基本决定了反馈电路和输入电路的结构和参数，而与运算放大电路本身的参数关系不大。改变输入电路和反馈电路的结构形式就可以实现不同的运算。

3.3.1 反相比例运算放大电路

反相比例运算放大电路如图 3-21 所示。

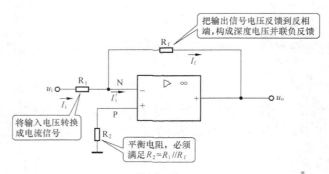

图 3-21　反相比例运算放大电路

根据虚短（$u_P=u_N$）且 P 点接地，可得 $u_P=u_N=0$，N 点电位与地相等，所以 N 点称为"虚地"，如图 3-22 所示。

根据虚地可得输出电压与输入电压之间的关系为

$$u_o = -\frac{R_f}{R_1}u_i \qquad (3\text{-}5)$$

式中，$\frac{R_f}{R_1}$ 为比例系数。

由式（3-5）可知，输出电压与输入电压成正比例且相位相反。

利用反相比例运算放大电路完成反相器设计，设计的反相器如图 3-23 所示。反相器比例系数为−1，即 $R_1=R_f$ 构成反相器。

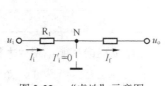

图 3-22　"虚地"示意图

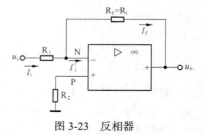

图 3-23　反相器

3.3.2 同相比例运算放大电路

同相比例运算放大电路如图 3-24 所示。
输出电压与输入电压的关系为

$$u_o = \left(1 + \frac{R_f}{R_1}\right)u_i \qquad (3\text{-}6)$$

根据式（3-6）可知，输出电压与输入电压成正比例且相位相同。

利用同相比例运算放大电路完成电压跟随器设计，设计的电压跟随器如图 3-25、图 3-26 所示。

电压跟随器可由比例系数为 $1+\dfrac{R_f}{R_1}$ 的同相比例运算放大电路构成，一种情况是 R_f 短路、R_1 开路，这样 $1+\dfrac{R_f}{R_1}=1$；另一种情况是 R_1 开路，这样 $1+\dfrac{R_f}{R_1}\approx 1$。

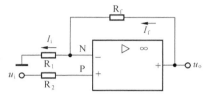
图 3-24　同相比例运算放大电路

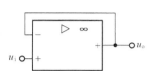
图 3-25　R_f 短路、R_1 开路时的电压跟随器

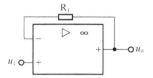
图 3-26　R_1 开路时的电压跟随器

由集成运放电路构成的电压跟随器与分立元件射极输出器相比，具有高输入阻抗和低输出阻抗的特点，性能更加优良。

3.3.3　反相输入加法电路

反相输入加法电路如图 3-27 所示。

根据理想特性（$I_1'=0$）及集成运放的反相输入端为虚地，得

$$u_o = -R_f\left(\frac{u_{i1}}{R_1}+\frac{u_{i2}}{R_2}\right) \qquad (3\text{-}7)$$

如果取 $R_1=R_2=R_f$，则

$$u_o = -(u_{i1}+u_{i2}) \qquad (3\text{-}8)$$

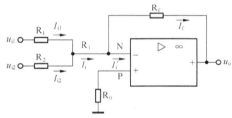
图 3-27　反相输入加法电路

3.3.4　减法运算电路

减法运算电路（减法器）如图 3-28 所示，电路同相输入端和反相输入端均有输入信号。

当外电路电阻满足 $R_3=R_f$，$R_1=R_2$ 时，电路输出电压与输入电压之间的关系为

$$u_o = \frac{R_f}{R_1}(u_{i2}-u_{i1}) \qquad (3\text{-}9)$$

【例 3-5】　在图 3-29 所示电路中，运放 A_1 和 A_2 都是理想运放，写出输出电压 u_o 与输入电流 i_1 和 i_2 之间的关系式。

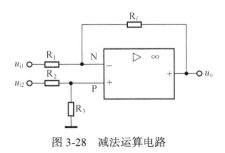
图 3-28　减法运算电路

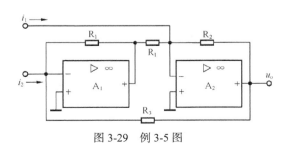
图 3-29　例 3-5 图

解：经判断两级运放均构成了负反馈，满足"虚短"、"虚断"的条件。

设运放 A_1 的输出信号为 u_1，运放 A_1 的反相输入端信号为 u_{N1}，运放 A_2 的反相输入端信号为 u_{N2}。

由虚断，有

$$i_1 = -\left(\frac{u_1}{R_1} + \frac{u_o}{R_2}\right) \qquad\qquad i_2 = -\left(\frac{u_1}{R_1} + \frac{u_o}{R_3}\right)$$

$$i_1 - i_2 = -\frac{u_o}{R_2} + \frac{u_o}{R_3} = \frac{R_2 - R_3}{R_2 R_3} u_o$$

得

$$u_o = \frac{R_2 R_3}{R_2 - R_3}(i_1 - i_2)$$

练习题

在图 3-30 所示电路中，运放 A 是理想运放，写出输出电压 u_o 的表达式。

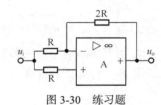

图 3-30　练习题

3.3.5　积分电路

积分电路如图 3-31 所示。由于反相输入端虚地，且 $i_+ = i_-$，由图 3-31 可得：$i_R = \frac{u_i}{R}$，

$i_C = C\frac{\mathrm{d}u_C}{\mathrm{d}t} = -C\frac{\mathrm{d}u_o}{\mathrm{d}t}$，$i_R = i_C$，由此可得

$$u_o = -\frac{1}{RC}\int u_i \mathrm{d}t \qquad\qquad （3-10）$$

由式（3-10）可知，输出电压与输入电压对时间的积分成正比。若 u_i 为恒定电压 U，则输出电压 u_o 为：$u_o = -\frac{U}{RC}t$，积分电路波形如图 3-32 所示。

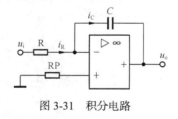

图 3-31　积分电路

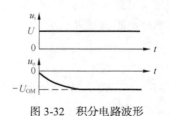

图 3-32　积分电路波形

3.3.6　微分电路

微分电路如图 3-33 所示。由于反相输入端虚地，且 $i_+ = i_-$，由图可得：$i_R = -\frac{u_o}{R}$，

$i_C = C\frac{\mathrm{d}u_C}{\mathrm{d}t} = C\frac{\mathrm{d}u_i}{\mathrm{d}t}$，$i_R = i_C$，由此可得

$$u_o = -RC\frac{du_i}{dt} \qquad (3-11)$$

由式（3-11）可知，输出电压与输入电压对时间的微分成正比。若 u_i 为恒定电压 U，则在 u_i 作用于电路的瞬间，微分电路输出一个尖脉冲电压，波形如图 3-34 所示。

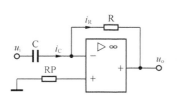

图 3-33　微分电路

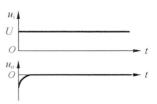

图 3-34　微分电路波形

3.4　集成运算放大电路基本应用电路分析

集成运算放大电路广泛应用在非线性电路中，下面我们就来学习电压比较器和方波产生电路。

3.4.1　电压比较器

电压比较器是集成运放非线性应用电路，它将模拟量电压信号和参考电压相比较，在二者幅度相等的附近，输出电压将产生跃变，相应输出高电平或低电平。比较器可以组成非正弦波形变换电路，应用于模拟与数字信号转换等领域。

图 3-35 所示为一最简单的电压比较器，U_R 为参考电压，加在运放的同相输入端，输入电压 u_i 加在反相输入端。

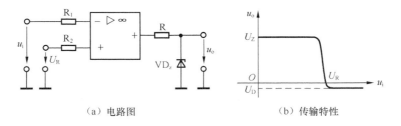

（a）电路图　　　　　　　　　　　（b）传输特性

图 3-35　电压比较器

当 $u_i < U_R$ 时，运放输出高电平，稳压管 VD_z 反向稳压工作。输出端电位被其箝位在稳压管的稳定电压 U_Z，即 $u_o = U_Z$。

当 $u_i > U_R$ 时，运放输出低电平，VD_z 正向导通，输出电压等于稳压管的正向压降 U_D，即 $u_o = -U_D$。因此，以 U_R 为界，当输入电压 u_i 变化时，输出端反映出高电位和低电位两种状态。

将输出电压与输入电压之间关系的特性曲线，称为传输特性。图 3-35（b）所示为图 3-35（a）比较器的传输特性。

常用的电压比较器有过零比较器、具有滞回特性的过零比较器、双限比较器（又称窗口比较器）等。

1. 过零比较器

加限幅电路的过零比较器如图 3-36（a）所示，D_Z 为限幅稳压管。信号从运放的反相输入端输入，参考电压为零，从同相端输入。当 $u_i>0$ 时，输出 $u_o = -(U_Z+U_D)$；当 $u_i<0$ 时，$u_o = +(U_Z+U_D)$。电压传输特性如图 3-36（b）所示。

过零比较器结构简单，灵敏度高，但抗干扰能力差。

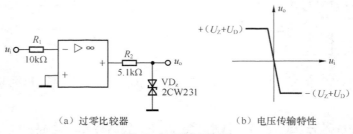

（a）过零比较器　　　　　　　　（b）电压传输特性

图 3-36　过零比较器

2. 滞回比较器

过零比较器在实际工作时，如果 u_i 恰好在过零值附近，则由于零点漂移的存在，u_o 将不断由一个极限值转换到另一个极限值，这在控制系统中，对执行机构是很不利的。为此，就需要输出特性具有滞回现象。图 3-37 所示为滞回比较器，从输出端引一个电阻分压正反馈支路到同相输入端，若 u_o 改变状态，Σ 点也随着改变电位，使过零点离开原来位置。当 u_o 为正（记作 U_+）时，$U_\Sigma = \dfrac{R_2}{R_f+R_2}U_+$，则当 $u_i > U_\Sigma$ 后，u_o 即由正变负（记作 U_-），此时 U_Σ 变为 $-U_\Sigma$。故只有当 u_i 下降到 $-U_\Sigma$ 以下，才能使 u_o 再度回升到 U_+，于是出现图 3-37（b）中所示的滞回特性。$-U_\Sigma$ 与 U_Σ 的差值称为回差。改变 R_2 的数值可以改变回差的大小。

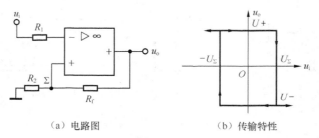

（a）电路图　　　　　　　　（b）传输特性

图 3-37　滞回比较器

3. 窗口（双限）比较器

简单的比较器仅能鉴别输入电压 u_i 比参考电压 U_R 高或低的情况，窗口比较电路是由两个简单比较器组成的，如图 3-38 所示，它能指示出 u_i 值是否处于 U_R^+ 和 U_R^- 之间。如 $U_R^-<u_i<U_R^+$，窗口比较器的输出电压 u_o 等于运放的正饱和输出电压（$+U_{omax}$）；如果 $U_i<U_R^-$ 或 $U_i>U_R^+$，则输出电压 u_o 等于运放的负饱和输出电压（$-U_{omax}$）。

目前有专门设计的集成比较器供选用。常用的单电压集成比较器 J631、四电压集成比较器

CB75339 引脚图如图 3-39 所示。

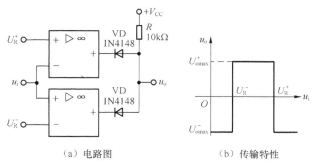

（a）电路图　　　　　（b）传输特性

图 3-38　由两个简单比较器组成的窗口比较器

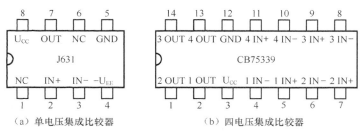

（a）单电压集成比较器　　　　（b）四电压集成比较器

图 3-39　常用电压比较器引脚图

3.4.2　方波产生电路

方波产生电路是一种能够直接产生方波或矩形波的非正弦信号发生电路。由于方波包含极丰富的谐波，因此，这种电路又称为多谐振荡器。

方波产生电路如图 3-40 所示，它是在迟滞比较器的基础上，把输出电压经 R_f、C 反馈集成运放的反相端。在运放的输出端引入限流电阻 R 和两个稳压管而组成的双向限幅电路。

电源刚接通时，设 $v_C = 0$，$v_o = +V_Z$，则 $V_P = \dfrac{R_2 V_Z}{R_1 + R_2}$。电容 C 充电时，$v_C$ 升高，其波形如图

3-41 所示。当 $v_C = V_N \leqslant V_P$，$v_o = +V_Z$ 时，返回初态。方波周期 T 用过渡过程公式 $T = 2R_f C \ln\left(1 + \dfrac{2R_2}{R_1}\right)$

可以方便地求出。

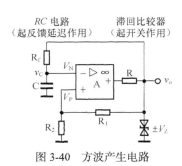

图 3-40　方波产生电路

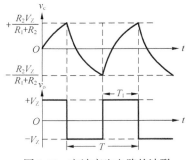

图 3-41　方波产生电路的波形

75

3.4.3　集成运放的应用

利用其特点，输入电压和输出电压关系，外加不同的反馈网络，集成运放不仅可以实现多种数学运算，而且在物理量的测量、自动调节系统、测量仪表、模拟运算等领域也得到了广泛应用。

1.　过温保护电路

图 3-42 所示为由运放构成的过温保护电路，其中 R 是热敏电阻，温度升高阻值变小。KA 是继电器，当温度升高并超过规定值时，KA 动作，自动切断电源。

2.　信号测量电路

在自动控制和非电测量等系统中，常用各种传感器将非电量（如温度、应变、压力、流量）的变化转换为电信号（电压或电流），然后输入系统。但这种非电量的变化是缓慢的，电信号的变化量常常很小（一般只有几到几十毫伏），所以需要将电信号放大。

测量放大电路的作用是将测量电路或传感器送来的微弱信号进行放大，再送到后面电路去处理。

一般对测量放大电路的要求是输入电阻高，噪声低稳定性好，精度及可靠性高，共模抑制比大，线性度好，失调小，并具有一定的抗干扰能力。

信号测量电路的原理图如图 3-43 所示。

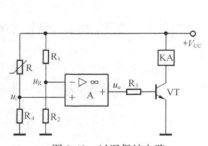

图 3-42　过温保护电路

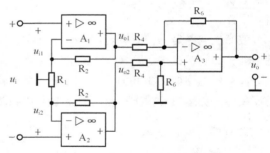

图 3-43　信号测量电路的原理图

3.5　集成芯片的封装及识别

了解集成芯片的封装及识别，对于集成芯片的选择意义非常重大。

3.5.1　集成芯片的封装及识别

集成芯片的封装类型非常多，我们就常用的集成芯片的封装进行介绍。

1.　DIP 双列直插式封装

DIP（Dual In-line Package）是指采用双列直插形式封装的集成电路芯片，绝大多数中小规模集成电路均采用这种封装形式，其引脚数一般不超过 100 个。采用 DIP 封装的 CPU 芯片有两排引脚，需要插入到具有 DIP 结构的芯片插座上。当然，也可以直接插在有相同焊孔数和几何排列的电路板上进行焊接。DIP 封装的芯片在从芯片插座上插拔时应特别小心，以免损坏引脚。DIP 封装具有以下特点：

- 适合在 PCB（印制电路板）上穿孔焊接，操作方便；
- 芯片面积与封装面积之间的比值较大，故体积也较大。

2. QFP 塑料方型扁平式封装和 PFP 塑料扁平组件式封装

QFP（Plastic Quad Flat Package）封装的芯片引脚之间距离很小，管脚很细，一般大规模或超大型集成电路都采用这种封装形式，其引脚数一般在 100 个以上。用这种形式封装的芯片必须采用 SMD（表面安装设备技术）将芯片与主板焊接起来。采用 SMD 安装的芯片不必在主板上打孔，一般在主板表面上有设计好的相应管脚的焊点。将芯片各脚对准相应的焊点，即可实现与主板的焊接。用这种方法焊上去的芯片，如果不用专用工具是很难拆卸下来的。PFP（Plastic Flat Package）方式封装的芯片与 QFP 方式基本相同，唯一的区别是 QFP 一般为正方形，而 PFP 既可以是正方形，也可以是长方形。QFP/PFP 封装具有以下特点：

- 适用于 SMD 表面安装设备技术在 PCB 电路板上安装布线；
- 适合高频使用；
- 操作方便，可靠性高；
- 芯片面积与封装面积之间的比值较小。

3. PGA 插针网格阵列封装

PGA（Pin Grid Array Package）芯片封装形式在芯片的内外有多个方阵形的插针，每个方阵形插针沿芯片的四周间隔一定距离排列。根据引脚数目的多少，可以围成 2~5 圈。安装时，将芯片插入专门的 PGA 插座。为使集成电路能够更方便地安装和拆卸，从 486 芯片开始，出现一种名为 ZIF 的集成电路插座，专门用来满足 PGA 封装的集成电路在安装和拆卸上的要求。ZIF（Zero Insertion Force Socket）是指零插拔力的插座。把这种插座上的扳手轻轻抬起，就可很容易、轻松地将集成电路插入插座中。然后将扳手压回原处，利用插座本身的特殊结构生成的挤压力，将集成电路的引脚与插座牢牢地接触，绝对不存在接触不良的问题。而拆卸 CPU 芯片只需将插座的扳手轻轻抬起，则压力解除，集成电路芯片即可轻松取出。PGA 封装具有以下特点：

- 适合插拔操作，可靠性高；
- 可适应更高的频率。

4. BGA 球栅阵列封装

随着集成电路技术的发展，对集成电路的封装要求更加严格。这是因为封装技术关系到产品的功能性，当集成电路的频率超过 100MHz 时，传统封装方式可能会产生所谓的 "CrossTalk" 现象，而且当集成电路的管脚数大于 208Pin 时，传统的封装方式有其困难度。因此，除使用 QFP 封装方式外，现今大多数的高脚数芯片（如图形芯片与芯片组等）皆转而使用 BGA（Ball Grid Array Package）封装技术。BGA 封装具有以下特点：

- 引脚数虽然增多，但引脚之间的距离远大于 QFP 封装方式，提高了成品率；

- 虽然 BGA 的功耗增加，但由于采用的是可控塌陷芯片法焊接，从而可以改善电热性能；
- 信号传输延迟小，适应频率大大提高；
- 组装可用共面焊接，可靠性大大提高。

5. CSP 芯片尺寸封装

随着全球电子产品个性化、轻巧化的需求蔚为风潮，封装技术已进步到 CSP（Chip Size Package）。它减小了芯片封装外形的尺寸，做到裸芯片尺寸有多大，封装尺寸就有多大，即封装后的集成电路尺寸边长不大于芯片的 1.2 倍，集成电路面积只比晶粒（Die）大不超过 1.4 倍。CSP 封装具有以下特点：

- 满足了芯片引脚不断增加的需要；
- 芯片面积与封装面积之间的比值很小；
- 极大地缩短延迟时间。

6. MCM 多芯片模块

为解决单一芯片集成度低和功能不够完善的问题，把多个高集成度、高性能、高可靠性的芯片，在高密度多层互联基板上用 SMD 技术组成多种多样的电子模块系统，从而出现 MCM（Multi Chip Model）多芯片模块系统。

- 封装延迟时间缩小，易于实现模块高速化；
- 缩小整机/模块的封装尺寸和重量；
- 系统可靠性大大提高。

3.5.2　特殊集成运算放大电路

反映集成运放性能的好坏有几十个参数，一种运放要想在各种指标上都达到很高的性能是不容易的，也是不必要的。通用型运放的各种参数指标都不算太高，但比较均衡，适用于量大面广、没有特殊要求的场合。特殊类型的集成运放，在某一个或几个参数上有很高的性能，而其他参数一般。用户可以从特殊类型集成运放的系列中进行选择，以满足某些方面的特殊要求。

1. 高输入阻抗型

这种类型的集成运放差模输入电阻往往大于 10^9，输入偏置电流通常为 pA 数量级，输入级经常采用结型场效应管 JFET 与 BJT 相结合构成差动输入级，称为 BiFET，或采用超管与 BJT 结合的电路，构成差动输入级。其典型产品有 5G28、F3140、ICH8500A、LF356、CA3130、AD515、LF0052 等。

2. 高精度、低漂移型

要求集成运放具有很低的漂移量和很高的精度。一般 $\Delta U_{IO}/\Delta T < 2\text{mV}/℃$，$\Delta I_{IO}/\Delta T < 200\text{pA}/℃$，$K_{CMR} \geqslant 110\text{dB}$。大多选用匹配特性优良的差动对管，还采用热匹配设计和低温度系数的精密电阻。在工艺上采用精密的光刻和离子注入工艺，尽可能地提高对管的匹配性。典型产品有 LH0044、AD707、OP-77、OPA177 等。另外，还有的运放采用了调制型的斩波稳零技术，以得到更低的漂

移特性。其产品有 ICL7650、AD508、OP-27 等。

3. 高速型

高速运放一般要求转换速率 SR 大于几十 V/ms，单位增益带宽 $BW>10\ MHz$。主要应用在高速数据采集系统、高速 A/D 和 D/A 转换器，高速锁相环及视频放大系统中，性能优良的高速运放转换速率已可达到几 kV/ms。高速型运放的典型产品有 mA715、LH002、AD845、AD9618、SL541 等。

4. 低功耗型

低功耗型运放要求其功耗为 mW 数量级，电流几十毫安，电源电压在几伏以下。典型产品有 CA3078、mPC253、ICL7641 等。

5. 大功率型

大功率型集成运放的电源电压为正负几十伏，输出电流几十安，输出功率为几十瓦。典型产品有 LH0021、MCEL165、HA2645、LM143、ICH8515 等。

3.5.3　集成运算放大电路的保护与使用

集成运算放大电路在使用前必须进行测试,使用中应须注意电参数和极限参数要符合电路要求，同时还应注意集成运放的调零、保护及相位补偿问题。

1. 集成运算放大电路的调零

常用的 μA741 调零电路如图 3-44 所示，其中调零电位器 RP 可选择 10kΩ 的电位器。

为了提高集成运放的精度，消除因失调电压和失调电流引起的误差，需要对集成运放进行调零。集成运放的调零电路有两类，一类是内调零，另一类是外调零。集成运放设有外接调零电路的引线端，按说明书连接即可。

2. 集成运算放大电路的保护

集成运算放大电路的保护包括输入端保护、输出端保护和电源保护。

输入端保护如图 3-45 所示，它可将输入电压限制在二极管的正向压降以内。当输入端所加电压过高时会损坏集成运放，可在输入端加入两个反向并联的二极管。

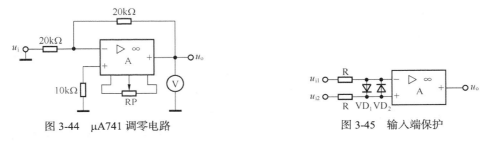

图 3-44　μA741 调零电路　　　　图 3-45　输入端保护

输出端保护如图 3-46 所示。为了防止输出电压过大，可利用稳压管来保护，将两个稳压管反向串联，就可将输出电压限制在稳压管的稳压值 U_Z 的范围内。

为了防止正负电源接反，可用二极管进行保护。电源保护如图 3-47 所示。若电源接错，二极管反向截止，则集成运放上无电压。

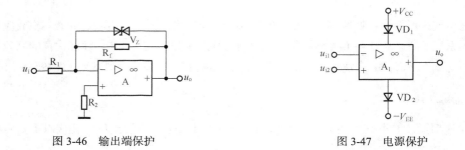

图 3-46　输出端保护　　　　　　　　　　　　图 3-47　电源保护

3. 集成运算放大电路的相位补偿

集成运放在实际使用中遇到最棘手的问题就是自激。要消除自激，通常是破坏自激形成的相位条件，这就是相位补偿，如图 3-48 所示。其中，图 3-48（a）是输入分布电容和反馈电阻过大（>1MΩ）引起自激的补偿方法，图 3-48（b）中所接的 RC 为输入端补偿法，常用于高速集成运放中。

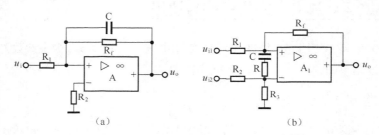

（a）　　　　　　　　　　　　　　　　（b）

图 3-48　相位补偿

3.6　实验 1　集成运算放大器参数测试

1. 实验目的

（1）通过对集成运算放大器 μA741 参数的测试，了解集成运算放大器组件主要参数的定义和表示方法。

（2）掌握运算放大器主要参数的测试方法。

2. 实验原理

集成运算放大器是一种使用广泛的线性集成电路器件，和其他电子器件一样，其特性是通过性能参数来表示的。集成电路生产厂家为描述其生产的集成电路器件的特性，通过大量的测试，为各种型号的集成电路制定了性能指标。符合指标的就是合格产品，否则就是不合格产品。要能够正确使用集成电路器件，就必须了解集成电路各项参数的含义及数值范围。集成电路的性能指标可以从产品说明书或器件手册中查到，因此，我们必须学会看产品说明书和查阅器件手册。由于集成电路是半导体器件，而半导体器件的性能参数常常有较大的离散性，因此，我们还必须掌握各项参数的测试方法，这样才能保证在电路中使用的器件是合格产品，满足电路设计的需要。

运算放大器的性能参数可以使用专用的测试仪器进行测试（"运算放大器性能参数测试仪"），也可以根据参数的定义，采用一些简易的方法进行测试。本次实验是学习使用常规仪表，对运算放大器的一些重要参数进行简易测试的方法。实验中采用的集成运算放大器型号为 μA741（同类产品有 LM741，CF741，F007等），是一种第二代通用运算放大器。它是 8 脚双列直插式器件，其引脚如图 3-49 所示。其中 1、5 脚为调零端；2 脚为反相输入端；3 脚为同相输入端；4 脚为电源负极；6 脚为输出端；7 脚为电源正极；8 脚为空脚。

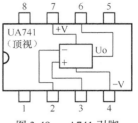

图 3-49　μA741 引脚

（1）输入失调电压。

理想运算放大器，当输入信号为零时其输出也为零。但在真实的集成电路器件中，由于输入级的差动放大电路总会存在一些不对称的现象（由晶体管组成的差动输入级，不对称的主要原因是两个差放管的 U_{BE} 不相等），使得输入为零时，输出不为零，这种现象称为"失调"。为讨论方便，人们将由于器件内部的不对称所造成的失调现象，看成是由于外部存在一个误差电压而造成，这个外部的误差电压叫作"输入失调电压"，即 U_{IO}。

输入失调电压在数值上等于输入电压为零时的输出电压除以运算放大器的开环电压放大倍数，即

$$U_{IO} = \frac{U_{OO}}{A_{od}}$$

式中，U_{IO} 为输入失调电压，U_{OO} 为输入为零时的输出电压值，A_{od} 为运算放大器的开环电压放大倍数。

本次实验采用的失调电压测试电路如图 3-50 所示。闭合开关 K_1 及 K_2，使电阻 R_B 短接，测量此时的输出电压 U_{O1} 即为输出失调电压，则输入失调电压

$$U_{IO} = \frac{R_1}{R_1 + R_F} U_{O1}$$

实际测出的 U_{O1} 可能为正，也可能为负，高质量的运算放大器 U_{IO} 一般在 1mV 以下。

（2）输入失调电流。

当输入信号为零时，运放两个输入端的输入偏置电流之差称为输入失调电流，即 I_{IO}。

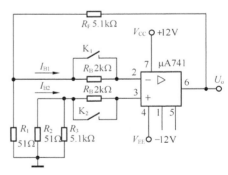

图 3-50　U_{IO}、I_{IO} 一般测试电路

$$I_{IO} = |I_{B1} - I_{B2}|$$

式中，I_{B1}、I_{B2} 分别是运算放大器两个输入端的输入偏置电流。

输入失调电流的大小反映了运放内部差动输入级的两个晶体管的失配度，由于 I_{B1}、I_{B2} 本身的数值已很小（μA 或 nA 级），因此它们的差值通常不是直接测量的，测试电路如图 3-50 所示，测试分两步进行：

● 闭合开关 K_1 及 K_2，将两个 R_B 短路。在低输入电阻下，测出输出电压 U_{O1}，如前所述，这是输入失调电压 U_{IO} 所引起的输出电压。

● 断开开关 K_1 及 K_2，将输入电阻 R_B 接入两个输入端的输入电路中，由于 R_B 阻值较大，流经它们的输入电流的差异，将变成输入电压的差异，从而，也会影响输出电压的大小，因此，测出两个电阻

R_B 接入时的输出电压 U_{O2}，从中扣除输入失调电压 U_{IO} 的影响（即 U_{O1}），则输入失调电流 I_{IO} 为

$$I_{IO} = |I_{B1} - I_{B2}| = |U_{O1} - U_{O2}| \cdot \frac{R_1}{R_1 + R_F} \cdot \frac{1}{R_B}$$

I_{IO} 一般在 100nA 以下。

（3）开环差模放大倍数。

集成运放在没有外部反馈时的直流差模放大倍数称为开环差模电压放大倍数，用 A_{od} 表示。它定义为开环输出电压 U_o 与两个差分输入端之间所加差模输入信号 U_{id} 之比：

$$A_{od} = \frac{U_o}{U_{id}} \qquad \text{或} \qquad A_{od} = 20\lg \frac{U_o}{U_{id}} \quad (\text{dB})$$

按定义 A_{od} 应是信号频率为零时的直流放大倍数，但为了测试方便，通常采用低频（几十赫兹以下）正弦交流信号进行测量。由于集成运放的开环电压放大倍数很高，而且在开环情况下 U_o 的漂移量太大，难以直接进行测量，故一般采用闭环测量方法。A_{od} 的测试方法很多，现采用交、直流同时闭环的测试方法，如图 3-51 所示。

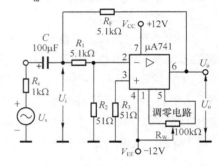

图 3-51 A_{od} 的测试电路

被测运放一方面通过 R_F、R_1、R_2 完成直流闭环，以抑制输出电压漂移；另一方面通过 R_F 和 R_S 实现交流闭环，外加信号 U_S 经 R_1、R_2 分压，使 U_{id} 足够小，以保证运放工作在线性区，同相输入端电阻 R_3 应与反相输入端电阻 R_2 相匹配，以减小输入偏置电流影响，电容 C 为隔直电容。被测运放的开环电压放大倍数为

$$A_{od} = \left(1 + \frac{R_1}{R_2}\right) \cdot \left|\frac{U_o}{U_i}\right|$$

A_{od} 一般为 10^5（100dB）左右。

（4）共模抑制比。

集成运放的差模电压放大倍数 A_{od} 与共模电压放大倍数 A_{oc} 之比称为共模抑制比，即 K_{CMR}。

$$K_{CMR} = \frac{A_{od}}{A_{oc}} \qquad \text{或} \qquad K_{CMR} = 20\lg \left|\frac{A_{od}}{A_{oc}}\right| \quad (\text{dB})$$

式中，A_{od} 为差模电压放大倍数，A_{oc} 为共模电压放大倍数。

共模信号是指加在运算放大器两个输入端上幅值、相位都相等的输入信号，是一种无用的信号（常因电路结构、干扰和温漂造成）。理想运算放大器的输入级是完全对称的，其共模电压放大倍数为零，所以当只输入共模信号时，理想运放的输出信号为零；当输入信号中包含差模信号与共模信号两种成分时，理想运放输出信号中的共模成分为零。但在实际的集成运算放大器中，因为电路结构不可能完全对称，所以其共模电压放大倍数不可能为零，当输入信号中含有共模信号时，其输出信号中必然含有共模信号的成分。输出端共模信号越小，说明电路对称性越好，也就是说运放对共模干扰信号的抑制能力越强。人们用共模抑制比 K_{CMR} 来衡量集成运算放大器对共模信号的抑制能力。K_{CMR} 越大，对共模信号的抑制能力越强。K_{CMR} 的测试电路如图 3-52 所示。为了便于测试，常采用闭环方式。

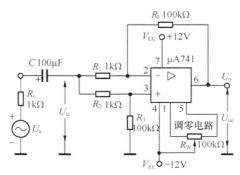

图 3-52　K_{CMR} 的测试电路

集成运放工作在闭环状态下的差模电压放大倍数，根据使用的电阻值，用下面公式计算：

$$A_d = -\frac{R_F}{R_1}$$

使用图 3-52 所示的电路可测得共模输入信号 U_{ic} 和共模输出信号 U_{oc}，根据测得的 U_{ic}、U_{oc} 值用下式计算出共模电压放大倍数：

$$A_c = \frac{U_{oc}}{U_{ic}}$$

由 A_d 和 A_c 计算得共模抑制比：

$$K_{CMR} = \left| \frac{A_d}{A_c} \right| = \frac{R_F}{R_1} \cdot \frac{U_{ic}}{U_{oc}}$$

3.　实验器材

模拟电路实验箱，信号发生器，双踪示波器，交流毫伏表，数字万用表，集成运算放大器 μF741×1，电阻器 51Ω×2，5.1kΩ×2，1kΩ×2，2kΩ×2，10kΩ×2，100kΩ×2，电解电容器 100μF×1。

4.　实验步骤

（1）测量输入失调电压 U_{IO}。

按图 3-50 所示连接实验电路，闭合开关 K₁、K₂，用直流电压表测量输出电压 U_{O1}，并计算 U_{IO}，记入表 3-5 中。

（2）测量输入失调电流 I_{IO}。

实验电路如图 3-50 所示，打开开关 K₁、K₂，用直流电压表测量 U_{O2}，计算 I_{IO}，记入表 3-5 中。

（3）测量开环差模电压放大倍数 A_{od}。

按图 3-51 所示连接实验电路，运放输入端加频率为 100Hz、大小为 30 ～ 50mV 的正弦信号作为 U_i，用示波器监视输出波形。用交流毫伏表测量 U_o 和 U_i，并计算 A_{od}，记入表 3-5 中。

（4）测量共模抑制比 K_{CMR}。

按图 3-52 所示连接实验电路，运放输入端加 f=100Hz，U_{ic}=1 ～ 2V 正弦信号，监视输出波形。测量 U_{oc} 和 U_{ic}，计算 A_d、A_c 及 K_{CMR}，记入表 3-5 中。

表 3-5   测量数据

U_{IO}（mV）		I_{IO}（nA）		A_{od}		K_{CMR}	
实测值	典型值	实测值	典型值	实测值	典型值	实测值	典型值

5. 实验报告

（1）将所有测得的数据与典型值进行比较。

（2）对实验结果及实验中碰到的问题进行分析、讨论。

6. 预习要求

（1）查阅集成运算放大器 μA741 的典型指标数据及管脚功能。

（2）根据查阅的典型数据，计算可能的数据值（如 U_{o1}，U_{o2} 等），以供实验时参考。

7. 思考题

（1）测量输入失调参数时，为什么运放反相端及同相输入端的电阻要精选，以保证严格对称？

（2）测量输入失调参数时，为什么要将调零端开路，而在进行其他测试时，则要求对输出电压进行调零？

（3）测试信号的频率选取的原则是什么？

8. 注意事项

（1）测量输入失调电压 U_{IO} 时，将运放调零端开路（即不接入调零电路）；电阻 R_1 和 R_2，R_3 和 R_F 的阻值精确配对。

（2）测量输入失调电流 I_{IO} 时将运放调零端开路；两端输入电阻 R_B 应精确配对。

（3）测量开环差模电压放大倍数 A_{od} 时，测试前电路应首先消振及调零；被测运放要工作在线性状态；输入信号频率应较低，一般用 50～100 Hz，输出信号幅度应较小，而且无明显失真。

（4）测量共模抑制比 K_{CMR} 时，注意消振与调零；R_1 与 R_2、R_3 与 R_F 之间阻值严格对称；输入信号 U_{ic} 幅度必须小于集成运放的最大共模输入电压范围 U_{ICM}。

3.7　实验 2　集成运算放大电路功能测试

1. 实验目的

（1）了解集成运算放大电路的测试及使用方法。

（2）熟悉由集成运算放大电路构成的各种运算电路的特点、性能和测试方法。

2. 实验原理

（1）运算放大电路的封装。

集成运算放大电路的外形如图 3-53 所示，常见的封装形式有金属圆形、双列直插式和扁平式等。

封装所用的材料有陶瓷、金属、塑料等,陶瓷封装的集成电路气密性、可靠性高,使用的温度范围宽(-55~125℃),塑料封装的集成电路在性能上要比陶瓷封装稍差一些,由于其价格低廉而获得广泛应用。

（2）集成运算放大电路的使用。

● 使用前应认真查阅有关手册,了解所用集成运放各引脚排列位置。

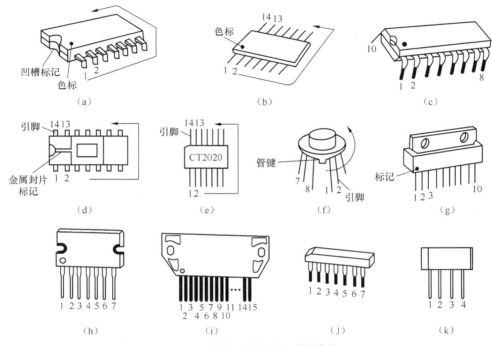

图 3-53　集成运算放大电路的外形

● 集成运放接线要正确可靠。由于集成运放外接端点比较多,很容易接错,因此要求集成运放电路接线完毕后,应认真检查,确认没有接错后,方可接通电源,否则有可能损坏器件。另外,因集成运放工作电流很小,如输入电流只有纳安级,因此集成运放各端点接触应良好,否则电路将不能正常工作。接触是否可靠可用直流电压表测量各引脚与地之间的电压值来判定。

● 输入信号不能过大。当输入信号过大时,输出升到饱和值,不再响应输入信号,即使输入信号为零,输出仍保持饱和而不回零,必须切断电源重新启动,才能重建正常关系,这种现象叫阻塞现象。输入信号过大可能造成阻塞现象或损坏器件。因此,为了保证正常工作,输入信号接入集成运放电路前应对其幅度进行初测,使之不超过规定的极限,即差模输入信号应远小于最大差模输入电压,共模输入信号也应小于最大共模输入电压。

● 电源电压不能过高,极性不能接反。

● 集成运放调零。所谓调零,就是将运放应用电路输入端短路,调节调零电位器,使运放输出电压等于零。集成运放做直流运算使用时,特别是在小信号高精度直流放大电路中,调零是十分重要的。因为集成运放存在失调电流和失调电压,当输入端短路时,会出现输出电压不为零的现象,从而影响到运算的精度,严重时会使放大电路不能工作。

3.　实验器材

直流稳压电源、低频信号发生器、示波器、万用表、毫伏表、实验线路板及各种元器件,元器件及参数如表 3-6 所示。

表 3–6   元器件及参数

编　号	名　称	参　数	编　号	名　称	参　数
R_1	电阻	$10k\Omega$	R_2	电阻	$10k\Omega$
R_{f1}	电阻	$100k\Omega$	R_{f2}	电阻	$10k\Omega$
R_3	电阻	$3.3k\Omega$	R_4	电阻	$10k\Omega$
IC	集成运放	$\mu A741$			

4. 实验步骤

（1）检测集成运放。

- 检查外观、型号是否与要求相符，引脚有无缺少或断裂及封装有无损坏痕迹等。
- 按图 3-54 所示接线，确定集成运放的好坏。
- 将 3 脚与地短接（使输入电压为零），用万用表直流电压挡测量输出电压 u_o 应为零，然后接入 $u_i=5V$，测得输出电压 u_o 为 5V，则说明该器件是好的。
- 在接线可靠的条件下，若测得 u_o 始终等于 9V 或 –9V，则说明该器件已损坏。

（2）验证反相比例关系。

- 在实验线路板上，用 $\mu A741$ 运算放大电路连接成图 3-55 所示电路。

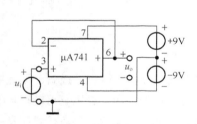
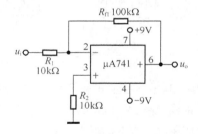

图 3-54 集成运放好坏判别电路   图 3-55 反相比例运算放大电路

- 检查无误后，将 ±9V 电源接入电路，并按表 3-7 所示数据分别输入 u_i，用毫伏表测出此时电路输出电压 u_o 的值，填入表 3-7 中。

表 3–7   反相比例运算

电 路 参 数		输入电压 u_i（有效值）（V）	1.0	0.8	0.6	0.3	0.0	–0.3	–0.6	–0.8	–1.0
R_{f1}	$100k\Omega$	输出电压 u_o（V） 实测值									
R_1	$10k\Omega$										
$\dfrac{R_{f1}}{R_1}$	10	计算值 $u_o=-\dfrac{R_{f1}}{R_1}u_i$									

（3）验证比例加法关系。

- 在实验线路板上，用 $\mu A741$ 运算放大电路连接成图 3-56 所示电路。
- 检查无误后，将 ±9V 电源接入电路，并按表 3-8 所示数据分别输入 u_i，用毫伏表测出此

时电路输出电压 u_o 的值，填入表 3-8 中。

表 3-8　　　　　　　　　　　　　比例加法运算

电 路 参 数		输入电压 u_i（有效）（V）		$U_{i1}=1V$	$U_{i2}=0.5V$
R_{f2}	10kΩ	输出电压 u_o（V）	实测值		
$R_1=R_2$	10kΩ		计算值		
R_3	3.3k		$u_o=-\dfrac{R_{f1}}{R_1}(u_{i1}+u_{i2})$		

（4）验证比例减法关系。

● 在实验线路板上，用 μA741 运算放大电路连接成图 3-57 所示电路。

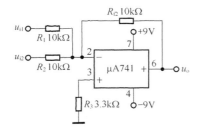
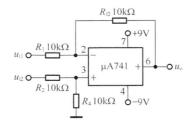

图 3-56　比例加法运算电路　　　　　　　　图 3-57　比例减法运算电路

● 检查无误后，将 ±9V 电源接入电路，并按表 3-9 所示数据分别输入 u_i，用毫伏表测出此时电路输出电压 u_o 的值，填入表 3-9 中。

表 3-9　　　　　　　　　　　　　比例减法运算

电 路 参 数		输入电压 u_i（有效值）（V）		$U_{i2}=0.6V$	$U_{i1}=0.4V$	$U_{i2}=1V$	$U_{i1}=0.4V$
R_{f2}	10kΩ	输出电压 u_o（V）	实测值				
R_1	10kΩ		计算值				
$R_2=R_3$	10kΩ		$u_o=\dfrac{R_{f1}}{R_1}(u_{i2}-u_{i1})$				

5．实验报告

（1）整理反相比例、加法和减法运算电路测试数据，分析测试结果，并分析产生误差的原因。

（2）总结集成运放的使用方法。

（3）说明实验中遇到的问题及解决办法。

6．思考题

分析内部调零和外部调零的区别。

7．注意事项

（1）集成运放在外接电路时，特别要注意正、负电源端，输出端及同相、反相输入端的位置。

（2）集成运放的输出端应避免与地、正电源、负电源短接，以免器件损坏。输出端所接负载电阻也不易过小，其值应使集成运放输出电流小于其最大允许输出电流，否则有可能损坏器件或使输出波形变差。

（3）注意集成运放输入信号源应为集成运放提供直流通路。

（4）电源电压应按器件使用要求，先调整好直流电源输出电压，然后接入集成运放电路，且接入电路时必须注意极性，绝不能接反，否则器件容易受到损坏。

（5）装接集成运放电路或改接、插拔器件时，必须断开电源，否则器件容易受到极大的感应或电冲击而损坏。

（6）集成运放调零电位器应采用工作稳定、线性度好的多圈线绕电位器。

（7）集成运放的电路设计中应尽量保证两输入端的外接直流电阻相等，以减小失调电流、失调电压的影响。

（8）调零时需注意：调零必须在闭环条件下进行；输出端电压应用小量程电压挡测量；若调零电位器输出电压不能达到零值或输出电压不变，则应检查电路接线是否正确。若经检查接线正确、可靠且仍不能调零，则说明集成运放损坏或质量有问题。

3.8　本章小结

（1）集成运算放大电路由输入级、中间级、输出级、偏置电路组成。

（2）电路中常用的负反馈有 4 种组态：电压串联负反馈，电压并联负反馈，电流串联负反馈和电流并联负反馈。可以通过观察法、输出短路法和瞬时极性法等方法判断电路反馈类型。负反馈可以全面改善放大电路的性能，包括提高放大倍数的稳定性，减小非线性失真，抑制噪声，扩展频带，改变输入、输出电阻等。

（3）集成运算放大电路闭环运行时，工作在线性区，存在"虚短"和"虚断"现象。线性应用包括比例、加法、减法、积分和微分等多种运算电路。

（4）集成运算放大电路开环运行时，工作在非线性区。比较器是一种能够比较两个模拟量大小的电路。迟滞比较器具有回差特性。它们是运放非线性工作状态的典型应用。方波产生电路是一种能够直接产生方波或矩形波的非正弦信号发生电路。方波产生电路由比较器、积分器等环节组成。

3.9　习题

1. 集成运算放大电路具有_____和_____功能。

2. 理想集成运放的 $A_u =$ _____，$r_i =$ _____，$r_o =$ _____，
$K_{CMR} =$ _____，$f_{bw} =$ _____。

3. 电子技术中的反馈是将_____端的信号的一部分或全部以某一方式送至_____端。

4. _____负反馈会使放大电路的输入电阻增大；_____负反馈会使放大电路的输出电阻减小；负反馈会使放大电路既有较大的输入电阻又有较大的输出电阻。

5. 集成运算放大电路是一个（　　　）。

    A. 直接耦合的多级放大电路　　　B. 单级放大电路

    C. 阻容耦合的多级放大电路　　　D. 变压器耦合的多级放大电路

6. 集成运算放大电路能处理（　　　）。

    A. 交流信号　　　　　　　　　　B. 直流信号

    C. 交流信号和直流信号

7. 试求图 3-58 所示集成运算放大电路的输出电压。

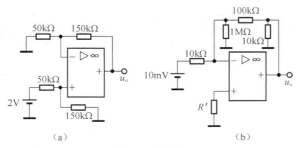

图 3-58　习题 7

8. 画出输出电压与输入电压满足下列关系式的集成运算放大电路。

$$\frac{u_{\text{o}}}{u_{\text{i1}} + u_{\text{i2}} + u_{\text{i3}}} = -20$$

第4章
直流稳压电源

　　交流电在电能的输送和分配方面有很多优点，因此发电厂生产的是交流电，电力网供给的也是交流电。但是，在某些场合必须使用直流电，如电解、电镀、蓄电池充电、直流电动机运行、交流发电机的励磁、日常生活中的便携式收音机和 CD 机等，都需要直流电源供电，这就需要在这些设备中设计电源电路。能够将交流电压转变成稳定直流电压输出的电路称为直流稳压电源，直流稳压电源由电源变压器、整流电路、滤波电路和稳压电路构成。

　　集成稳压器具有体积小、重量轻、使用方便、工作可靠等优点，应用越来越广泛。国产稳压器种类很多，主要可以分成两大类，即线性稳压器和开关稳压器。调整元件工作在线性放大状态的称为线性稳压器；调整元件工作在开关状态的称为开关稳压器。

　　直流稳压电源是电子设备的重要组成部分，用来将交流电网电压变为稳定的直流电压。对直流稳压电源的主要要求是：输入电压及负载变化时，输出电压应保持稳定，即直流电源的电压调整率及输出电阻越小越好。此外，还要求纹波电压小。

本章学习目标

- 掌握单相半波、桥式整流电路与滤波电路的工作过程；
- 掌握桥式整流电路的二极管选择原则；
- 掌握桥式整流电容滤波电路的结构及输出电压的估算；
- 理解硅稳压管稳压电路的稳压过程；
- 掌握三端集成稳压器的应用常识；
- 掌握带放大环节晶体管串联型稳压电路的结构、稳压过程及输出电压的调节范围；
- 掌握模拟电路说图的方法。

4.1　单相整流电路

　　把交流电转变成直流电的过程称为整流，能完成此过程的电路称为整流电路。小功率直流电源因为功率比较小，通常采用单相交流供电，因此这里只讨论单相整流电路。

利用二极管的单向导电性，可以将交流电变为直流电，常用的二极管整流电路有单相半波整流电路和单相桥式整流电路。

4.1.1 单相半波整流电路

单相半波整流电路如图 4-1 所示。图中，T 为电源变压器，用来将市电 220V 交流电压变换为整流电路所要求的直流低电压，同时保证直流电源与市电电源有良好的隔离，VD 为整流二极管，R_L 为要求直流供电的负载等效电阻。半波整流电路的工作波形如图 4-2 所示。

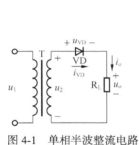

图 4-1 单相半波整流电路

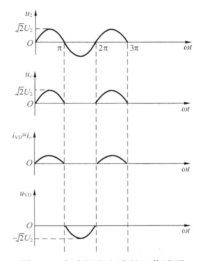

图 4-2 半波整流电路的工作波形

由图 4-2 可见，在负载上可以得到单方向的脉动电压。由于电路加上交流电压后，交流电压只有半个周期能够产生与二极管箭头方向一致的电流，这种电路称为半波整流电路。

半波整流电路输出电压的平均值 U_o 为

$$U_o = \frac{\sqrt{2}U_2}{\pi} = 0.45U_2 \tag{4-1}$$

流过二极管的平均电流 I_D 为

$$I_D = I_o = \frac{U_o}{R_L} = 0.45\frac{U_2}{R_L} \tag{4-2}$$

二极管承受的反向峰值电压 U_{RM} 为

$$U_{RM} = \sqrt{2}U_2 \tag{4-3}$$

半波整流电路结构简单，使用元件少，但整流效率低，输出电压脉动大。因此，它只适用于对效率要求不高的场合。

4.1.2 单相桥式整流电路

为了克服单相半波整流电路的缺点，常常采用图 4-3 所示的单相桥式整流电路。在图 4-3（a）中，

VD$_1$～VD$_4$4 个整流二极管接成电桥形式，因此称为桥式整流。单相桥式整流电路的波形如图 4-4 所示。

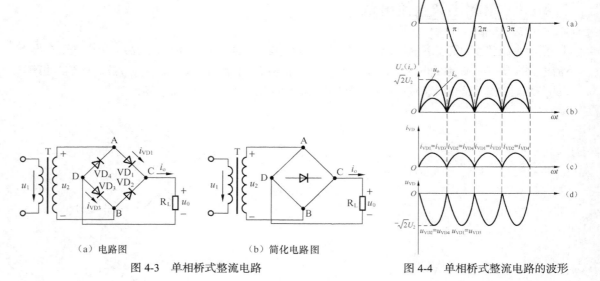

（a）电路图　　　　　　（b）简化电路图

图 4-3　单相桥式整流电路

图 4-4　单相桥式整流电路的波形

由图 4-4 可知，桥式整流电路输出电压平均值为

$$U_o = 2 \times 0.45 U_2 = 0.9 U_2 \tag{4-4}$$

桥式整流电路中，因为每两只二极管只导通半个周期，所以流过每个二极管的平均电流仅为负载电流的一半，如图 4-4（c）所示，即

$$I_D = \frac{1}{2} I_o = \frac{1}{2} \frac{U_o}{R_L} = 0.45 \frac{U_2}{R_L} \tag{4-5}$$

其承受的反向峰值电压为

$$U_{RM} = \sqrt{2} U_2 \tag{4-6}$$

桥式整流电路与半波整流电路相比较，具有输出直流电压高，脉动较小，二极管承受的最大反向电压较低等特点，在电源变压器中得到广泛利用。

将桥式整流电路的 4 个二极管制作在一起，封装成为一个器件就称为整流桥，其外形和实物分别如图 4-5 和图 4-6 所示。A、B 端接输入电压，C、D 为直流输出端，C 为正极性端、D 为负极性端。

图 4-5　整流桥外形

图 4-6　整流桥实物

【例 4-1】　图 4-3 所示为单相桥式整流电路，负载电阻 R_L=50Ω，负载电压 U_o=100V，试求变压器副边电压，并根据计算结果选择整流二极管的型号。

解：

$$U_2 = \frac{U_o}{0.9} = \frac{100}{0.9} = 111 \ \text{V}$$

每只二极管承受的最高反向电压：$U_{RM} = \sqrt{2} U_2 = \sqrt{2} \times 111 = 157 \ \text{V}$

整流电流的平均值：$I_o = \frac{U_o}{R_L} = \frac{100}{50} = 2 \ \text{A}$

流过每只二极管电流平均值：$I_{VD} = \frac{1}{2} I_o = 1 \ \text{A}$

根据每只二极管承受的最高反向电压和流过二极管电流平均值，可选择整流二极管的型号为 2CZ11C。

【例 4-2】　一个纯电阻负载单相桥式整流电路接好以后，通电进行实验，一接通电源，二极管马上冒烟。试分析产生这种现象的原因。

解：

二极管冒烟说明流过二极管的电流太大，二极管损坏。从电源变压器副边与二极管负载构成的回路来看，出现大电流的原因有以下两个方面：

（1）如果负载短路，变压器副边电压经过二极管构成通路，二极管因过流烧坏；

（2）如果负载没有短路，那就可能是桥路中的二极管接反了。

练习题

（1）某电阻性负载需要一个直流电压为 110V、直流电流为 3A 的供电电源，现采用桥式整流电路和半波整流电路，试求变压器的副边电压，并根据计算结果选择整流二极管的型号。

（2）试分析桥式整流电路中的二极管 VD_2 或 VD_4 断开时负载电压的波形。如果 VD_2 或 VD_4 接反，后果如何？如果 VD_2 或 VD_4 因击穿或烧坏而短路，后果又如何？

4.2　滤波电路

交流电压经整流电路整流后输出的是脉动直流，既有直流成分又有交流成分。这种输出电压用来向电镀、电解等负载供电还是可以的，但不能作为电子仪器、电视机、计算机等设备的直流电源，原因是这些设备需要平滑的直流电。

要获得平滑的直流电，需要对整流后的波形进行整形。用来对波形整形的电路称为滤波电路。滤波电路利用储能元件电容两端的电压（或通过电感中的电流）不能突变的特性，滤掉整流电路输出电压中的交流成分，保留其直流成分，达到平滑输出电压波形的目的。

常用滤波电路具有图 4-7 所示的 5 种类型，其中比较常用的类型是电容滤波和电感滤波。

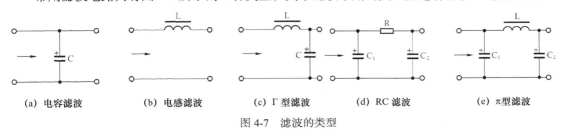

(a) 电容滤波　　　(b) 电感滤波　　　(c) Γ 型滤波　　　(d) RC 滤波　　　(e) π 型滤波

图 4-7　滤波的类型

4.2.1 电容滤波电路

单相半波整流电容滤波电路如图4-8所示。图4-8中电容C的作用是滤除单向脉动电流中的交流成分，是根据电容两端电压在电路状态改变时不能突变的原理制成的。单相半波整流电容滤波电路的工作过程如图4-9所示。

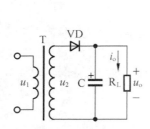

图4-8 单相半波整流电容滤波电路

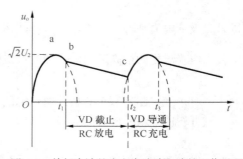

图4-9 单相半波整流电容滤波电路的工作过程

桥式整流加接滤波电容电路及输出电压 u_o 的波形，分别如图4-10和图4-11所示。

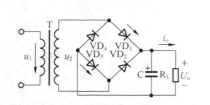

图4-10 桥式整流加接滤波电容电路

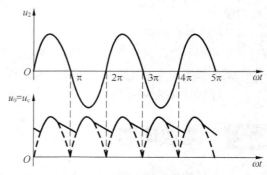

图4-11 输出电压 u_o 的波形

半波整流电路的输出电压为

$$U_o = U_2 \tag{4-7}$$

桥式整流电路的输出电压为

$$U_o = 1.2\,U_2 \tag{4-8}$$

空载时（输出端开路，$R_L=\infty$），桥式整流电路的输出电压为

$$U_o = 1.4\,U_2 \tag{4-9}$$

即此时输出电压值接近 u_2 的峰值。

【例4-3】 在图4-10所示的单相桥式整流电容电路中，交流电源频率 $f=50\text{Hz}$，负载电阻 $R_L=40\Omega$，负载电压 $U_o=20\text{V}$，试求变压器副边电压，并计算滤波电容的耐压值和电容量。

解：

（1）由式（4-8）可得　　$U_2 = \dfrac{U_o}{1.2} = \dfrac{20}{1.2} \approx 17 \text{ V}$

（2）当负载空载时，电容器承受最大电压，所以电容器的耐压值为

$$U_{cm} = \sqrt{2}U_2 = \sqrt{2} \times 17 \approx 24 \text{ V}$$

电容器的电容量应满足 $R_L C \geqslant (3 \sim 5)T/2$，取 $R_L C = 2T$，$T = 1/f$，因此

$$C = \dfrac{2T}{R_L} = \dfrac{2}{40 \times 50} = 1000 \mu F$$

根据计算结果选择 1000μF/50V 的电解电容。

4.2.2　电感滤波电路

在负载较重需要输出较大电流，或者负载变化大又要求输出比较稳定的场合，电容滤波无法满足要求，这时可以采用电感滤波电路。电感滤波电路及桥式整流电感滤波电路的波形分别如图4-12 和图 4-13 所示。

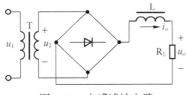

图 4-12　电感滤波电路

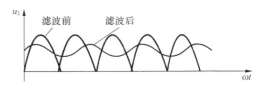

图 4-13　桥式整流电感滤波电路的波形

练习题

单相桥式整流电容电路如图 4-10 所示，交流电源频率 $f = 50Hz$，负载电阻 $R_L = 100\Omega$，输出电压 $U_o = 15V$，试求变压器副边电压，计算滤波电容的耐压值和电容量，并根据计算结果选择二极管型号和滤波电容。

4.3　稳压电路

整流滤波电路可以把交流电转变为较平滑的直流电，但当电网电压发生波动或负载电流变化比较大时，其输出电压仍会不稳定。为此，在整流滤波电路后面需要加上稳压电路，构成稳压电源。常用的直流稳压电路按电压调整元件与负载 R_L 连接方式的不同分为两类，一类是用硅稳压管作为调整元件的并联型稳压电路，如图 4-14 所示；另一类是用晶体三极管作为调整元件的串联型稳压电路，如图 4-15 所示。

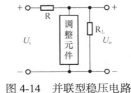

图 4-14　并联型稳压电路

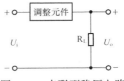

图 4-15　串联型稳压电路

4.3.1 硅稳压管稳压电路

硅稳压管稳压电路是利用稳压管反向击穿电流在较大范围内变化时，稳压管两端电压变化很小的特性进行稳压的，其电路结构是将硅稳压二极管并联在负载两端（R 为限流电阻，VZ 为硅稳压管），如图 4-16 所示。

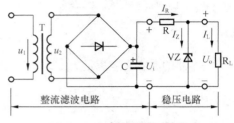

图 4-16　硅稳压管稳压电路

硅稳压管稳压电路的稳压过程可以用符号表示为

$$U_o\downarrow\rightarrow U_{VZ}\downarrow\rightarrow I_Z\downarrow\rightarrow I_R\downarrow\rightarrow U_R\downarrow\rightarrow U_o\uparrow（稳定输出电压）$$

硅稳压管稳压电路结构简单，元件少，成本低，只能用于稳定电压要求不高且不可调、稳定度差的场合。

4.3.2 串联型稳压电路

所谓串联型稳压电路，就是在输入直流电压和负载之间串入一个三极管。当输入直流电压或负载发生变化而使输出电压变化时，通过某种反馈形式使三极管的集电极和发射极之间的电压也随之变化，从而调整输出电压，保持输出电压基本稳定。

1. 电路基本结构

串联型稳压电路是目前比较通用的稳压电路，如图 4-17 所示，其结构及功能如表 4-1 所示。

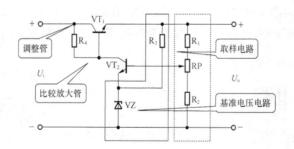

图 4-17　串联型稳压电路

表 4-1　　　　　　　　　　串联型稳压电路结构及功能

电 路 结 构	功　　能
取样电路	取出一部分输出电压的变化量，加到比较放大管 VT_2 的基极，供 VT_2 管进行比较放大
基准电压电路	VZ 的稳定电压作为基准电压，加到 VT_2 的发射极上
放大比较环节	将稳压电路输出电压的微小变化量先进行放大，再去控制 VT_1 的基极电位
调整控制环节	在比较放大电路输出信号的控制下自动调节 VT_1 的集电极和发射极之间的电压降，以抵消输出电压的波动

2. 稳压的工作原理

当电网电压减小（或负载电流升高），使输出电压 U_o 下降时，串联型晶体管稳压电路的稳压过程可以表示为：

$U_o\downarrow\rightarrow U_{B2}$（$VT_2$ 的基极电压）$\downarrow\rightarrow U_{BE2}$（$VT_2$ 的发射极电压被稳压管稳住基本不变，$U_{BE2}=U_{B2}-U_{E2}$）$\downarrow\rightarrow I_{B2}$（$VT_2$ 的基极电流）$\downarrow\rightarrow I_{C2}$（$VT_2$ 的集电极电流）$\downarrow\rightarrow U_{C2}$（$VT_2$ 的发射极集电极电流，$U_{C2}=U_{B1}$）$\uparrow\rightarrow U_{BE1}$（$U_{BE1}=U_{B1}-U_{E1}=U_{C2}-U_o$）$\uparrow\rightarrow I_{B1}$（$VT_1$ 的基极电流）$\uparrow\rightarrow I_{C1}$（$VT_1$ 的集电极电流）$\uparrow\rightarrow U_{CE1}\downarrow\rightarrow U_o\uparrow$（稳定输出电压）

练习题

当电网电压不变，负载增大，负载电流减小，使输出电压 U_o 升高时，分析串联型晶体管稳压电路的稳压过程。

4.4 集成稳压电器

随着集成电路工艺的发展，稳压电源中的调整环节、放大环节、基准环节、取样环节和其他附属电路大都可以制作在同一块硅片内，形成集成稳压组件，称为集成稳压电路或集成稳压器。目前生产的集成稳压器很多，但使用比较广泛的是三端集成稳压器。三端集成稳压器根据输出电压是否可调，可分成固定式三端集成稳压器和可调式三端集成稳压器。

4.4.1 三端固定式集成稳压器

三端固定式集成稳压器 CW7800、CW7900 系列的外形分别如图 4-18 和图 4-19 所示。

图 4-18　CW7800 系列的外形　　　　　　　图 4-19　CW7900 系列的外形

1. 三端固定式集成稳压器的性能特点

- 输出电流超过 1.5A（加散热器）；
- 不需要外接元件；
- 内部有过热保护；
- 内部有过流保护；
- 调整管设有安全工作区保护；
- 输出电压容差为 4%；
- 输出电压额定值有 5V、6V、9V、12V、15V、18V、24V 等。

2. 三端固定式集成稳压器的应用电路

（1）固定输出电压电路

固定输出电压电路如图 4-20 所示。电容 C_1 的作用是防止自激振荡，而 C_2 的作用是滤除噪声干扰。为了保护稳压器，图 4-20 的电路可修改为图 4-21 所示的电路。

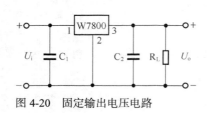

图 4-20　固定输出电压电路

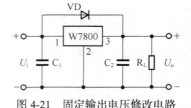

图 4-21　固定输出电压修改电路

（2）输出电压的提高电路

W7800 系列的最高输出电压为 24V。如果想提高输出电压，可以采用图 4-22 所示的电路。

（3）输出电流的扩流电路

当负载所需电流大于稳压器的最大负载电流时，可采用外接电阻或功率管的方法来扩大输出电流，如图 4-23 所示。

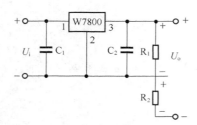

图 4-22　输出电压的提高电路

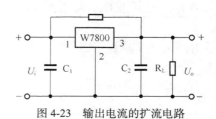

图 4-23　输出电流的扩流电路

（4）输出正、负电压稳压电路

输出 ±15V 电压的电路如图 4-24 所示。

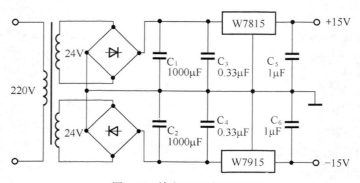

图 4-24　输出 ±15V 电压的电路

4.4.2　三端可调式集成稳压器

三端可调式集成稳压器是第二代三端集成稳压器，其电压调整范围为 1.2～37V，最大输出电流为 1.5 A。

1．三端可调式集成稳压器的特点

三端可调式集成稳压器与固定式集成稳压器相比，除电压连续可调外，还具有输出电压稳定度、电压调整率、电流调整率、纹波抑制比等都比固定式集成稳压器的相应参数高的特点。三端可调式集成稳压器的引脚不能接错，接地端不能浮空，否则会损坏稳压器。

2．三端可调式集成稳压器的应用电路

三端可调式集成稳压器的应用电路如图 4-25 所示。其中，电容 C_1 用来防止自激振荡，电容 C_2 用来减小电阻 R_2 上的电压波动，而 VD_1、VD_2 用来保护稳压器。

练习题

在下列几种情况下，可选用什么型号的三端集成稳压器？

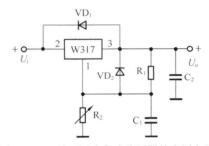

图 4-25　三端可调式集成稳压器的应用电路

（1）U_o=15V，R_L 最小值为 20；（2）U_o=-5V，最大负载电流为 I_{omax}=350mA；（3）U_o=-12V，输出电流范围为 I_o=10～80mA。

4.5　开关稳压电源

串联型稳压电源由于调整管必须工作在线性放大区，管压降比较大，同时要通过全部负载电流，所以管耗大，电源效率低，一般为 40%～60%。在输入电压升高、负载电流很大时，管耗会更大。这样不但电源效率很低，同时使调整管的工作可靠性降低。开关稳压电源的调整管工作在开关状态，依靠调节调整管导通时间来实现稳压。由于调整管主要工作在截止和饱和两种状态，管耗很小，所以使稳压电源的效率明显提高，可达 80%～90%，而且这一效率几乎不受输入电压大小的影响，即开关稳压电源有很宽的稳压范围。由于效率高，开关稳压电源便可以做得体积小、重量轻，其主要缺点是输出电压中含有较大的纹波。

开关稳压电源按控制的方式分，有脉冲宽度调制型（PWM）、脉冲频率调制型（PFM）和混合调制型 3 种；按是否使用工频变压器来分，有低压开关稳压电路和高压开关稳压电路两种；按激励的方式分，有自激式和他激式；按所用开关调整管的种类分，有双极型三极管、MOS 场效应管和可控硅开关电路等。

1．开关型稳压电路的组成

开关型稳压电路的组成如图 4-26 所示。

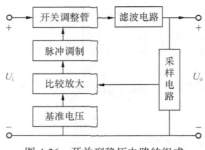

图 4-26　开关型稳压电路的组成

2.　开关型稳压电路的工作原理

开关型稳压电路的工作原理如图 4-27 所示。

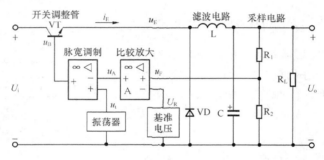

图 4-27　开关型稳压电路的工作原理

当 $u_t>u_A$ 时，比较器输出高电平，当 $u_t<u_A$ 时，比较器输出低电平，故调整管 VT 的基极电压 u_B 成为高、低电平交替的脉冲波形。

当 u_B 为高电平时，调整管饱和导通，此时发射极电流 i_E 流过电感和负载电阻，一方面向负载提供输出电压，同时将能量储存在电感的磁场中。由于三极管 VT 饱和导通，因此其发射极电位 u_E 为：$u_E=U_i-U_{CES}$（U_i 为直流输入电压，U_{CES} 为三极管的饱和管压降）。u_E 的极性为上正下负，故二极管 VD 被反向偏置，不能导通，此时二极管不起作用。

当 u_B 为低电平时，调整管截止。但电感具有维持流过电流不变的特性，此时将储存的能量释放出来，在电感上产生的反电势使电流通过负载和二极管继续流通，因此，二极管 VD 称为续流二极管。此时调整管发射极的电位 u_E 为：$u_E=-U_D$（U_D 为二极管的正向导通电压）。可见调整管处于开关工作状态，它的发射极电位 u_E 也是高、低电平交替的脉冲波形。但是，经过 LC 滤波电路以后，在负载上可以得到比较平滑的输出电压 U_o。

4.6　模拟电路识图

认识模拟电路、了解模拟电路、分析模拟电路，必须掌握模拟电路识图的方法。

4.6.1　单元电路识图

单元电路是指某一级控制器电路，或放大器电路，或振荡器电路，或变频器电路等，它是能够完成某一电路功能的最小电路单位。从广义角度上讲，一个集成电路的应用电路也是一个单元电路。单元电路图是学习整机电子电路工作原理过程中，首先遇到的具有完整功能的电路图，这一电路图概念的提出完全是为了方便电路工作原理分析的需要。

1. 单元电路图功能

① 主要用来讲述电路的工作原理。

② 能够完整地表达某一级电路的结构和工作原理，有时还全部标出电路中各元器件的参数，如标称阻值、标称容量和三极管型号等。

③ 对深入理解电路的工作原理和记忆电路的结构、组成很有帮助。

2. 单元电路图特点

① 单元电路图主要是为了分析某个单元电路工作原理的方便而单独将这部分电路画出的电路，所以在图中已省去了与该单元电路无关的其他元器件和有关的连线、符号，这样单元电路图就显得比较简洁、清楚，识图时没有其他电路的干扰。

② 单元电路图采用习惯画法，一看就明白，如元器件采用习惯画法，各元器件之间采用最短的连线，而在实际的整机电路图中，由于受电路中其他单元电路中元器件的制约，有关元器件画得比较乱，有的在画法上不是常见的画法，个别元器件画得与该单元电路相距较远，这样电路中的连线很长且弯弯曲曲，造成识图和电路工作原理理解的不便。

③ 单元电路图只出现在讲解电路工作原理的书刊中，实用电路图中是不出现的。

掌握单元电路是学好电子电路工作原理的关键。只有掌握了单元电路的工作原理，才能去分析整机电路。

3. 单元电路识图方法

单元电路的种类繁多，而各种单元电路的具体识图方法有所不同，这里只对共同性的问题说明几点。

（1）有源电路识图方法

所谓有源电路就是需要直流电压才能工作的电路，如放大器电路。掌握有源电路的识图首先要分析直流电压供给电路，此时将电路图中的所有电容器看成开路（因为电容器具有隔直特性），将所有电感器看成短路（电感器具有通直的特性）。直流电路的识图方向一般是先从右向左，再从上向下。

（2）信号传输过程分析

信号传输过程分析就是分析信号在该单元电路中如何从输入端传输到输出端，信号在这一传输过程中受到了怎样的处理（如放大、衰减、控制等）。信号传输的识图方向一般是从左向右进行。

（3）元器件作用分析

元器件作用分析就是分析电路中各元器件起什么作用，主要从直流和交流两个角度去分析。

（4）电路故障分析

电路故障分析就是分析当电路中元器件出现开路、短路、性能变劣后，对整个电路工作会造成什么样的不良影响，使输出信号出现什么故障现象（如没有输出信号、输出信号小、信号失真、出现噪声等）。在搞懂电路工作原理之后，元器件的故障分析才会变得比较简单。整机电路中的各种功能单元电路繁多，许多单元电路的工作原理十分复杂，若在整机电路中直接进行分析就显得比较困难，通过单元电路图分析之后再去分析整机电路就显得比较简单，所以单元电路图的识图也是为整机电路分析服务的。

4.6.2　整机电路识图

整机电路表明整个机器的电路结构、各单元电路的具体形式和它们之间的连接方式。

1.　整机电路图功能

① 整机电路图表达了整机电路的工作原理，这是电路图中最复杂的一张电路图。

② 它给出了电路中各元器件的具体参数，如型号、标称值和其他一些重要数据，为检测和更换元器件提供了依据。例如，更换某个三极管时，可以查阅图中的三极管型号标注就能知道。

③ 许多整机电路图中还给出了有关测试点的直流工作电压，为检修电路故障提供了方便。例如，集成电路各引脚上的直流电压标注，三极管各电极上的直流电压标注等，都为检修这些部分电路提供了方便。

④ 它给出了与识图相关的有用信息。例如，通过各开关件的名称和图中开关所在位置的标注，可以知道该开关的作用和当前开关状态；当整机电路图分为多张图纸时，引线接插件的标注能够方便地将各张图纸之间的电路连接起来。一些整机电路图中，将各开关件的标注集中在一起，标注在图纸的某处，标有开关的功能说明，识图中若对某个开关不了解时可以去查阅这部分说明。

2.　整机电路图特点

整机电路图与其他电路图相比具有下列一些特点。

① 包括了整个机器的所有电路。

② 不同型号的机器其整机电路中的单元电路变化是十分丰富的，这给识图造成了不少困难，要求有较全面的电路知识。同类型的机器其整机电路图有其相似之处，不同类型机器之间则相差很大。

③ 各部分单元电路在整机电路图中的画法有一定规律，了解这些规律对识图是有益的，其分布规律一般情况是：电源电路画在整机电路图右下方；信号源电路画在整机电路图的左侧；负载电路画在整机电路图的右侧；各级放大器电路是从左向右排列的，双声道电路中的左、右声道电路是上下排列的；各单元电路中的元器件相对集中在一起。

3.　整机电路图识图方法和注意事项

① 对整机电路图分析的主要内容是：各部分单元电路在整机电路图中的具体位置，单元电路的类型，直流工作电压供给电路，交流信号传输分析；对一些单元电路的工作原理进行重点分析，这些单元电路是以前未见过的、比较复杂的。

② 对于分成几张图纸的整机电路图可以一张一张地进行识图，如果需要进行整个信号传输系统的分析，则要将各图纸连起来进行分析。

③ 对整机电路图的识图，可以在学习了一种功能的单元电路之后，分别在几张整机电路图中去找到这一功能的单元电路进行分析。由于在整机电路图中的单元电路变化多，且电路的画法受

其他电路的影响而与单个画出的单元电路不一定相同，所以加大了识图的难度。

④ 一般情况下，信号传输的方向是从整机电路图的左侧向右侧。

⑤ 直流工作电压供给电路的识图方向是从右向左进行，对某一级放大电路的直流电路识图方向是从上而下。

⑥ 分析整机电路过程中，若对某个单元电路的分析有困难，如对某型号集成电路应用电路的分析有困难，可以查找这一型号集成电路的识图资料（内电路方框图、各引脚作用等），以帮助识图。

⑦ 一些整机电路图中会有许多英文标注，能够了解这些英文标注的含义，对识图是相当有利的。在某些型号集成电路附近标出的英文说明就是该集成电路的功能说明。

4.6.3　集成电路应用电路识图

在无线电设备中，集成电路的应用越来越广泛，对集成电路应用电路的识图是电路分析中的重点，也是难点之一。

1. 集成电路应用电路图功能

① 它表达了集成电路各引脚外电路结构、元器件参数等，从而表示了某一集成电路的完整工作情况。

② 有些集成电路应用电路中，画出了集成电路的内电路方框图，这对分析集成电路应用电路是相当方便的，但这种表示方式不多。

③ 集成电路应用电路有典型应用电路和实用电路两种，前者在集成电路手册中可以查到，后者出现在实用电路中，这两种应用电路相差不大，根据这一特点，在没有实际应用电路图时可以用典型应用电路图作参考，这一方法在修理中常常采用。

④ 一般情况下，集成电路应用电路表达了一个完整的单元电路，或一个电路系统，但有些情况下一个完整的电路系统要用到两个或更多的集成电路。

2. 集成电路应用电路特点

① 大部分集成应用电路不画出内电路方框图，这对识图不利，尤其对初学者进行电路分析时更为不利。

② 对初学者而言，分析集成电路的应用电路比分析分立元器件的电路更为困难，这是对集成电路内部电路不了解的缘故，实际上识图也好、修理也好，集成电路比分立元器件电路更为方便。

③ 对集成电路应用电路而言，在大致了解集成电路内部电路和详细了解各引脚作用的情况下，识图是比较方便的。这是因为同类型集成电路具有规律性，在掌握它们的共性后，可以方便地分析许多同功能不同型号的集成电路应用电路。

3. 集成电路应用电路识图方法和注意事项

（1）了解各引脚的作用是识图的关键

要了解各引脚的作用可以查阅有关集成电路应用手册。知道了各引脚作用之后，分析各引脚外电路工作原理和元器件作用就方便了。例如，如果①脚是输入引脚，那么与①脚所串联的电容是输入端耦合电路，与①脚相连的电路是输入电路。

（2）了解集成电路各引脚作用的3种方法

了解集成电路各引脚作用有3种方法：一是查阅有关资料；二是根据集成电路的内电路方框图分析；三是根据集成电路的应用电路中各引脚外电路特征进行分析。对第3种方法要求有比较好的电路分析基础。

（3）电路分析步骤

集成电路应用电路分析步骤如下。

① 分析直流电路。这一步主要是进行电源和接地引脚外电路的分析。注意，电源引脚有多个时要分清这几个电源之间的关系，如是否是前级、后级电路的电源引脚，或是左、右声道的电源引脚；对多个接地引脚也要这样分清。分清多个电源引脚和接地引脚，对修理是有用的。

② 分析信号传输。这一步主要分析信号输入引脚和输出引脚外电路。当集成电路有多个输入、输出引脚时，要搞清楚是前级还是后级电路的输出引脚；对于双声道电路还应分清左、右声道的输入和输出引脚。

③ 分析其他引脚外电路。例如，找出负反馈引脚、消振引脚等，这一步的分析是最困难的，对初学者而言要借助于引脚作用资料或内电路方框图。

④ 有了一定的识图能力后，要学会总结各种功能集成电路的引脚外电路规律，并要掌握这种规律，这对提高识图速度是有用的。例如，输入引脚外电路的规律是：通过一个耦合电容或一个耦合电路与前级电路的输出端相连；输出引脚外电路的规律是：通过一个耦合电路与后级电路的输入端相连。

⑤ 要分析集成电路的内电路对信号的放大、处理过程，最好是查阅该集成电路的内电路方框图。分析内电路方框图时，可以通过信号传输线路中的箭头指示，了解信号经过了哪些电路的放大或处理，最后信号是从哪个引脚输出。

⑥ 了解集成电路的一些关键测试点、引脚直流电压规律对检修电路是十分有用的。OTL 电路输出端的直流电压等于集成电路直流工作电压的一半；OCL 电路输出端的直流电压等于 0V。当集成电路两个引脚之间接有电阻时，该电阻将影响这两个引脚上的直流电压；当两个引脚之间接有线圈时，这两个引脚的直流电压是相等的，不相等时则是线圈开路；当两个引脚之间接有电容或接 RC 串联电路时，这两个引脚的直流电压肯定不相等，若相等说明该电容已经击穿。

⑦ 一般情况下不要去分析集成电路的内电路工作原理，这是相当复杂的。

4.6.4　修理识图

修理识图是指在修理过程中对电路图的分析，修理识图与学习电路工作原理时的识图有很大的不同，它是围绕着修理进行的电路故障分析。

1. 修理识图项目

修理识图主要有以下4部分内容。

① 在整机电路图中建立检修思路，根据故障现象，判断故障可能发生在哪部分电路中，确定下一步的检修步骤（是测量电压还是电流，在电路中的哪一点测量）。

② 根据测量得到的有关数据，在整机电路图的某一个局部单元电路中对相关元器件进行故障

分析，以判断是哪个元器件出现了开路或短路、性能变劣等故障，导致了所测得的数据发生异常。例如，初步检查发现功率放大电路出现了故障，可找出功放电路图进行具体分析。

③ 查阅所要检修的某一部分电路图，了解这部分电路的工作，如信号是从哪里来，送到哪里去。

④ 查阅整机电路图中某一点的直流电压数据。

2. 修理识图方法和注意事项

① 修理识图是针对性很强的电路分析，是带着问题对局部电路进行识图，识图的范围不广，但要有一定深度，还要会联系故障的实际。

② 根据故障现象和所测得的数据决定分析哪部分电路。例如，根据故障现象决定分析低频放大电路还是分析前置放大器电路，根据所测得的有关数据决定分析直流电路还是交流电路。

③ 测量电路中的直流电压时，主要分析直流电压供给电路；在使用干扰检查法时，主要进行信号传输通路的识图；在进行电路故障分析时，主要对某一个单元电路进行工作原理的分析。在修理识图中，无须对整机电路图中的各部分电路进行全面的系统分析。

④ 修理识图的基础是十分清楚电路的工作原理，不能做到这一点就无法进行正确的修理识图。

4.6.5 模拟电路识图的应用

下面通过几个实例来介绍一下模拟电路识图的方法和步骤。

1. 电源电路识图

电源电路是电子电路中比较简单然而却是应用最广的电路。拿到一张电源电路图时，应该按以下步骤进行。

① 先按"整流—滤波—稳压"的次序把整个电源按电路分解开来，逐级细细分析。

② 逐级分析时要分清主电路、辅助电路、主要元件和次要元件，弄清它们的作用和参数要求等。例如，开关稳压电源中，电感电容和续流二极管就是它的关键元件。

③ 因为晶体管有 NPN 和 PNP 两种类型，某些集成电路要求双电源供电，所以一个电源电路往往包括有不同极性不同电压值和好几组输出。读图时必须分清各组输出电压的数值和极性。在组装和维修时也要仔细分清晶体管和电解电容的极性，防止出错。

④ 熟悉某些习惯画法和简化画法。

⑤ 最后把整个电源电路从前到后全面综合贯通起来，这张电源电路图也就读懂了。

（1）电热毯控温电路

图 4-28 所示为一个电热毯电路。开关在"1"的位置是低温挡，220 V 市电经二极管后接到电热毯，因为是半波整流，电热毯两端所加的是约 100 V 的脉动直流电，发热不高，所以是保温或低温状态。开关扳到"2"的位置，220 V 市电直接接到电热毯上，所以是高温挡。

（2）高压电子灭蚊蝇器

图 4-29 所示为利用倍压整流原理得到小电流直流高压电的灭蚊蝇器。220V 交流经过 4 倍压

整流后输出电压可达 1100 V，把这个直流高压加到平行的金属丝网上。网下放诱饵，当苍蝇停在网上时造成短路，电容器上的高压通过苍蝇身体放电把蝇击毙。苍蝇尸体落下后，电容器又被充电，电网又恢复高压。这个高压电网电流很小，因此对人无害。由于昆虫夜间有趋光性，如在这电网后面放一个 3W 荧光灯或小型黑光灯，就可以诱杀蚊蝇等有害昆虫。

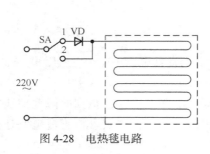

图 4-28　电热毯电路

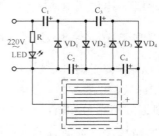

图 4-29　高压电子灭蚊蝇器

2. 电子节能灯电路图及维修

电子节能灯具有低电压启辉、无频闪、无噪声、高效节能、开灯瞬间即亮、使用寿命长（3000小时以上，为普通白炽灯的 3 倍多）等优点，很受消费者的欢迎（尤其在电源电压波动频繁的地区）。

图 4-30 所示为电子节能灯电路图。该电路已加有软启动（灯丝预热）电路，可延长灯管寿命，多应用于护目灯和外销灯具中。

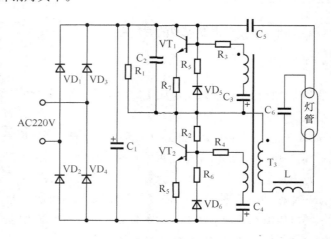

图 4-30　电子节能灯电路图

维修电子节能灯，首先要排除假故障。关灯后节能灯有间隙性的闪光，这并不是灯的质量问题，主要原因是电工线路安装不规范，将开关设在零线造成的。只要把进线端的零线与火线调换一下即可。使用了带氖灯的开关，关灯后仍然能形成微流通路，或接线安装双联开关的，会造成有时关灯后有闪光现象。维修电子节能灯时，为安全起见可采用 1∶1 隔离变压器隔离市电。

（1）灯不能正常点亮的检修

① 常见为谐振电容 C_6 击穿（短路）或耐压降低（软击穿），应换为耐压在 1 kV 以上的同容量优质涤纶或 CBB 电容。

② 灯管灯丝开路。若灯管未严重发黑，可在断丝灯脚两端并联 0.047 μF/400 V 的涤纶电容后应急使用。

③ R_1、R_2 开路或变值（一般以 R_1 故障可能性较大），用同阻值的 1/4 W 优质电阻代换。

④ 三极管开路。如发现只有一只三极管开路，可更换耐压在 400 V 以上的同型号配对开关管，否则容易出现灯光打滚或再次烧管。

⑤ 灯光闪烁不停。灯管若未严重发黑，检查 VD_5、VD_6 有无虚焊或开路，若 VD_5、VD_6 软击穿或滤波电容 C_1 漏液及不良，也会使灯光闪烁不停。

⑥ 灯难以点亮，有时用手触摸灯管能点亮或灯光打滚，这可能是 C_3、C_4 容量不足、不配对。

⑦ 倘若单支小功率节能灯点亮后灯丝有发红或发光的现象，还应检查 $VD_1 \sim VD_4$ 有无软击穿，C_1 是否装反或漏电，电源部分有无短路等。

⑧ 扼流圈 L 及振荡变压器 T 的磁心有断裂。如若单换磁心，要注意三点：

· 使用符合要求的磁心，否则可能使扼流圈的电感值有较大出入，给节能灯埋下隐患；

· 磁隙不能过小，以免磁饱和；

· 磁隙间用合适的垫衬物垫好后，用胶粘剂粘上，并缠上耐高温阻燃胶带，以防松动。此外 T 的同名端不能接错。

⑨ 检修使用触发管的电子镇流器，应重点检查双向触发二极管，此管一般用 DB3 型，它的双向击穿电压为 32±4V。

（2）有元件明显损坏的检修

① 虽不熔断保险、不烧断进线处线路而电阻等有明显损坏的，三极管必损无疑。这首先可能是灯管老化引起的，其次是使用环境差，另外可能是由 C_1 失去容量造成的。对于前两种情况，在更换电阻、三极管时，最好也更换配对的 C_3、C_4 小电解。对于后一种情况，C_3、C_4 不必更换，由于 C_1 工作在高压条件下，务必选用优质耐热电解电容器进行代换。

② 在熔断保险、烧断进线处线路的情况下，若 C_1、VT_1、VT_2 完好，则必须逐个对 $VD_1 \sim VD_4$ 进行常规检查和耐压测试，或把 $VD_1 \sim VD_4$ 全部用优质品代换。

③ C_1 爆裂，如伴有熔断保险、烧断进线的现象，应将 $VD_1 \sim VD_4$、C_1 全部更换。

④ 只有 VT_2 一侧的阻容件、三极管烧坏的，应重点检查 C_2 是否已击穿。

⑤ 若高频变压器损坏，可用 0.32 mm 高强线在 10 mm×6 mm×5 mm 的高频磁环上绕制，原边为 4 圈，副边为 8 圈（注意头尾）。扼流圈 L：灯管功率为 5 ~ 40 W，相应电感为 1.5 ~ 5.5 mH。

（3）少数电子节能灯有干扰遥控彩电的现象

可调整 L 的电感量或 C_2 的电容量，使其既不干扰遥控电视机，又能安全工作。

（4）使用节能灯的注意事项

① 节能灯不能在调光台灯、延时开关、感应开关的电路中使用。

② 应避免在高温高湿的环境中使用。

③ 电子节能灯与其他照明灯具一样，不宜频繁开关。

3. 助听器放大电路

放大电路是电子电路中变化较多和较复杂的电路。在拿到一张放大电路图时，首先要把它逐级分解开，然后一级一级分析弄懂它的原理，最后再全面综合。读图时要注意以下几点。

① 在逐级分析时要区分开主要元器件和辅助元器件。放大器中使用的辅助元器件很多，如偏

置电路中的温度补偿元件，稳压稳流元器件，防止自激振荡的防振元件、去耦元件，保护电路中的保护元件等。

② 在分析中最主要和困难的是反馈的分析，要能找出反馈通路，判断反馈的极性和类型，特别是多级放大器，往往以后级将负反馈加到前级，因此更要细致分析。

③ 一般低频放大器常用 RC 耦合方式；高频放大器则常常是和 LC 调谐电路有关的，或是用单调谐或是用双调谐电路，而且电路里使用的电容器容量一般也比较小。

④ 注意晶体管和电源的极性，放大器中常常使用双电源，这是放大电路的特殊性。

图 4-31 所示为一个助听器放大电路，实际上是一个 4 级低频放大电路。VT$_1$、VT$_2$ 之间和 VT$_3$、VT$_4$ 之间采用直接耦合方式，VT$_2$ 和 VT$_3$ 之间则用 RC 耦合。为了改善音质，VT$_1$ 和 VT$_3$ 的本级有并联电压负反馈（R$_2$ 和 R$_7$）。由于使用高阻抗的耳机，所以可以把耳机直接接在 VT$_4$ 的集电极回路内。R$_6$、C$_2$ 是去耦电路，C$_6$ 是电源滤波电容。

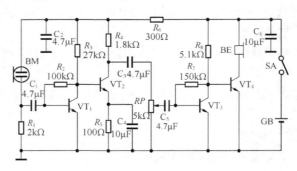

图 4-31　助听器放大电路

4.7　实验　三端集成稳压器的应用

1. 实验目的

（1）熟悉三端集成稳压器的使用方法。
（2）了解集成稳压器的性能和特点。

2. 实验器材

示波器、万用表、自耦变压器、实训线路板、元器件品种和数量如表 4-2 所示。

表 4-2　　　　　　　　　　　元器件品种和数量

编　号	名　称	参　数	编　号	名　称	参　数
T	变压器	220V/24V	VD$_1$ ~ VD$_6$	整流二极管	1N4007
C$_1$	电解电容	2200μF/50V	C$_2$	电解电容	10μF
C$_3$	电解电容	470μF/25V	R$_1$	电阻	200Ω
R$_2$	电阻	510Ω	CW7815	三端集成稳压器	输出+15V
RP$_1$	可调电阻	4.7kΩ	RP$_2$	可调电阻	1kΩ

3. 实验步骤

（1）用万用表检查元器件，确保元器件完好。

（2）在实验线路板上连接图 4-32 所示的三端集成稳压器的实验电路。

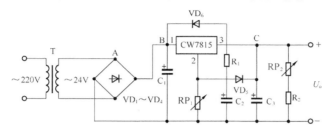

图 4-32　三端集成稳压器的实验电路

（3）测量稳压电源输出直流电压 U_o 的可调范围。

① 用示波器观察 A、B、C 各点电压波形，绘制在表 4-3 中，并分析其合理性。

表 4-3　　　　　　　　　　　　　　稳压电源各点的电压波形图

A 点电压波形	B 点电压波形	C 点电压波形

② 将负载接入电路，调节自耦变压器，使输入电压 U_i=220V；再调节 RP$_1$，测输出电压 U_o 的最大值 U_{omax} 和最小值 U_{omin}，填入表 4-4 中。

表 4-4　　　　　　　　　　　　　稳压电源输出直流电压 U_o 可调范围

输入电压 U_i	输出电压 U_o	U_{omax}	U_{omin}

（4）测量电路的稳压性能。

① 调节自耦变压器，使 U_i=220 V，调节 RP$_1$ 使 U_o=18 V，再调节 RP$_2$，使 I_L=100 mA。

② 重新调节自耦变压器，使 U_i 在(198～242)[(220±220×10%)]V 的范围变化，测出相应的输出电压值，填入表 4-5 中。

表 4-5　　　　　　　　　　　　　稳压电源输出直流电压的稳压性能

额定输入电压 U_i	220 V	
额定输出电压 U_o	18 V	
输入电压 U_i		
输出电压 U_o		

4. 预习要求

（1）复习三端稳压器的原理。

（2）了解三端稳压器的应用电路。

5. 实验报告

（1）整理实验数据，并分析各点波形。
（2）分析电路的稳压性能。
（3）说明实验中遇到的问题和解决办法。
（4）写出调整测试过程。

6. 思考题

如果无输出电压或输出电压不可调，试说明原因和解决办法。

7. 注意事项

（1）集成稳压器的输入端与输出端不能反接。若反接电压超过 17V，将会损坏集成稳压器。
（2）输入端不能短路。
（3）防止浮地故障。78 系列三端集成稳压器的外壳为公共端，将其安装在设备上时应可靠接地。79 系列外壳不是接地端。

4.8　实训 1　焊接训练

1. 实训目的

（1）掌握焊接方法。
（2）提高焊接水平。

2. 焊接原理

焊料：常用焊锡作焊料。
焊剂：作用是除去油污，防止焊件受热氧化，增强焊锡的流动性。
焊接工具：电烙铁，选用 20 ~ 50 W 即可。
标准焊点示例如图 4-33 所示，出现虚焊点的实例如图 4-34 所示。

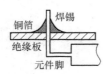

图 4-33　标准焊点

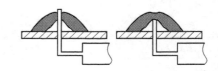

图 4-34　虚焊点

3. 焊接方法

总思路为：先测量，做好记录；再清洁，挂锡焊接；最后再检查测量。切忌马虎大意。

将加热好的电烙铁头与线路板成 60° 角，同时接触焊接点和被焊元件脚 1 ~ 2 s，再迅速将焊锡丝触至焊接点与元件脚上，使焊锡溶后顺着被焊元件脚流至焊点上形成一个圆锥状，这时抬起电烙铁。全过程是 3 s 左右,焊好后要等焊锡完全凝固才可以移动元件。焊接方法如图 4-35 所示。

（a）焊接   （b）检查   （c）剪短

图 4-35　焊接方法

4. 焊接练习

（1）分立器件焊接练习（学会焊接分立式器件并熟练掌握焊接技巧）。

（2）接插器件焊接练习（认识常用接插件,由于接插件引脚靠得较近,要防止短路）。

（3）拆件练习（学习拆件,以防在检测到有需要拆换的器件时,可以胸有成竹,不至于把电路板焊坏）。

（4）贴片器件焊接练习（进一步提高焊接水平,熟练贴片器件的焊接）。

5. 注意事项

（1）防止触电及烫伤人、电源线、衣物等。

（2）电烙铁的温度和焊接的时间要适当,焊锡量要适中,不要过多。

（3）烙铁头要同时接触元件脚和线路板,使二者在短时间内同时受热,达到焊接温度,以防止虚焊。

（4）不可将烙铁头在焊点上来回移动,也不能用烙铁头向焊接脚上刷锡。

（5）焊接二极管、三极管等怕热元件时,应用镊子夹住元件脚,使热量通过镊子散热,不至于损坏元件。

（6）焊接集成电路,一定等技术熟练后方可进行,注意时间要短,在焊接电路板完成后要断开烙铁电源。

4.9　实训 2　串联型稳压电源的制作

电子产品通常都需要直流电源供电。当然,在小功率的情况下,也可以用电池作为直流电源。但是,在大型电子设备中都需要直流电源,而这些直流电源都是由交流电源转换而获得。因此,我们就从直流稳压电源的设计、装配和调试学起。

1. 实训目的

（1）自制串联型稳压电源的印制电路板。

（2）学习焊接与调试技术。

（3）熟悉直流稳压电路主要技术指标的测试方法。

2. 实训电路及原理

用发光二极管设计过载指示并带有短路保护的直流稳压电路，如图4-36所示。这个电路与一般串联反馈式稳压电源相比，有以下4个特点：

- 用发光二极管 LED_2 作过载指示和限流保护；
- 由 VT_5 构成短路保护电路，而且具有自动恢复功能；
- 采用有源滤波电路增强滤波效果，同时也减小了直流压降的损失和滤波电容的容量；
- 由 VT_4 构成的可调模拟稳压管电路，电路的稳压特性好。

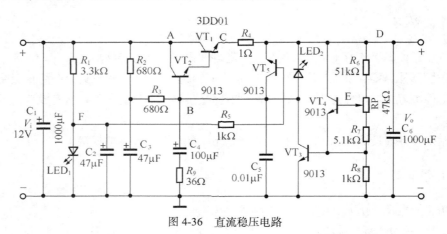

图4-36　直流稳压电路

这个电路由取样环节、基准环节、比较放大环节、调节环节、保护环节5大部分构成，取样环节由 R_6、RP、R_7、R_8 构成；比较放大环节由 VT_3、VT_4 构成；基准环节由 VT_3、VT_4 的 PN 结构成，基准电压为1.4 V；调整环节由 VT_1、VT_2 构成的复合管构成；短路保护由 R_4、LED_1、C_2、R_5、VT_5 构成；过流保护由 LED_2、R_4 构成；有源滤波电路由 C_4、R_9、VT_1、VT_2 构成。其工作原理如下。

（1）当输出电压上升时，取样点 E 的电位也会随之上升，使 VT_3、VT_4 基极电流增加，从而使 VT_3 集电极电流上升，使得 B 点的电压下降。B 点的电压下降，使 VT_1、VT_2 基极电流下降，导致调整管 VT_1 的 C、E 两端的电压上升，使输出电压下降，从而达到了输出电压基本维持不变的目的。反之，若输出电压下降，E 点的电位随之下降，会导致调整管 VT_1 的 C、E 两端的电压下降，使输出电压上升，达到输出电压基本维持不变的目的。由此可见，为了提高稳压电源的调节能力，在保证调整管所允许承受的 U_{CE} 最大压差和极限电流的前提下，应该尽可能提高稳压电源的输入电压。

（2）当改变 RP 的取值范围时，会同时改变 E 点电位与基准电压之间的差值范围，引起调整管 VT_1 的 C、E 两端的电压差值的变化，从而达到改变输出电压的目的。为了保证输出电压 V_o 在 3~9 V 连续可调，调整管 VT_2 的 U_{CE} 至少有 6 V 的变化范围。

（3）由 R_9、C_4 构成的无源滤波器经 VT_1、VT_2 的两级放大后极大增强了滤波效果，是因为 R_9、C_4 上的充放电经放大后在输出端会引起强烈的反应，相当于在输出端接了一个很大的电容器。

（4）由 R_4、LED_1、C_2、R_5、VT_5 构成的短路保护电路，在正常的情况下由于 D 点的电位远大于 F 点的电位，即 LED_1 的导通电压 1.7 V（LED_1 导通时可作为稳压电源工作指示灯），所以 VT_5 截止不起作用；当输出短路时 D 点的电位变为 0，此时 F 点的电位 1.7V 远大于 D 点的电位，VT_5 饱和导通，即加在 VT_2 基极 VT_1 发射极间的电压小于 0.3 V，所以 VT_1 截止，相当于将输入、输出间断开了，输出电流为 0，从而起到保护作用。当短路解除后，D 点的电位又大于 F 点的电位，VT_5 截止电路自动恢复正常。

（5）由 LED_2、R_4 构成的过流保护电路，在正常的情况下工作电流小于或等于 0.3A，所以 VT_2 基极到 D 点间的电压（VT_1、VT_2 节电压加上 R_4 两端电压）小于 1.7 V，LED_2 处于截止状态；而当输出电流大于 0.3A 时，VT_2 基极到 D 点间的电压大于 1.7 V，此时 LED_2 导通发光并将 B、D 间电压钳制在 1.7 V，从而限制了输出电流的增加，达到限流的目的。

3．实训器材

发光二极管、二极管 2CZ55B（1N4001）、三极管 3DG12（9013）、3DD01（BD163）、电解电容 100 μF（耐压≥16V）、电解电容 1000μF（耐压≥16V）、电解电容 47μF（耐压≥16V）、瓷片电容 0.01μF，电阻若干。

4．实训电路的技术指标

（1）输出电压 V_o 在 3～9V 之间连续可调。

（2）最大输出电流 I_{max} 为 0.3 A，并具有过载保护和指示功能。

（3）输出电压的纹波电压不超过 3mV。

（4）当输出电流在 0～0.3 A 范围内变化，或输入电压（V_i=12 V）变化±10%，输出电压变化量的绝对值不超过 0.02 V。

（5）具有短路保护及自动恢复功能。

5．实训步骤

（1）按图 4-36 所示电路设计元器件布线图，如图 4-37 所示。

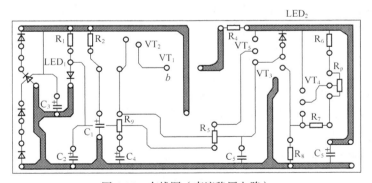

图 4-37　布线图（直流稳压电路）

（2）自制印制电路板。

（3）焊接电路。

（4）按图 4-36 所示电路，认真校对焊接电路，经检查无误，在空载（R_L=∞）时通电进行调试。当电路工作正常时，测试输出电压 V_o 的调节范围。

（5）空载（$R_L=\infty$）时 V_o=6 V，改变 R_L 使 I_o=0.3 A，测出相应的 V_o 值。

（6）带负载（R_L=30Ω、V_o=6V）测试。

- 测试各个三极管和 LED 的工作状态；
- 测试输出纹波电压；
- 改变输入电压 V_i(1±10%)，测试输出电压 V_o，并求其变化量的绝对值；
- 测试直流稳压电路的主要技术指标：稳压系数和输出电阻；
- 改变 R_L，反复观察 LED$_2$ 有无明显的过载保护和过载指示；
- 输出端对地短路，测试 VT$_5$ 管的工作状态并观察自动恢复过程。

6. 简易自制印制电路板

自制印制电路板，首先要求走线合理（线条要整齐，线条之间要防止重叠）；其次是焊点孔的定位，元、器件的尺寸和放置的位置都应适当。

单件生产印制电路板的具体步骤大致如下。

（1）复写印制电路。把设计好的印制电路图用复写纸写到铜箔板上，用圆珠笔或铅笔描好全图，焊点用圆点表示，经过仔细检查后再揭开复写纸。

（2）描板。用笔把黑色调和漆按复写图样描在电路板上。板面要干净，线条要求整齐，不带毛刺；电源线、地线尽可能画宽一些，焊点圆孔外径为 2 mm 左右。

（3）腐蚀印制电路板。用三氯化铁配制三氯化铁溶液。把描好的铜箔板晾干，经检查修整后放入盛有三氯化铁的塑料平盘容器。应把线路板朝上平放，以便腐蚀和观察。如果天气较冷，可将溶液适当加热，加热的最高温度要限制在 40℃ ~ 50℃，否则容易破坏线路板上的保护漆。待裸露的铜箔完全腐蚀干净之后，取出电路板，用清水洗净，擦干后涂上松香水便可进行焊接。

（4）去漆膜。用热水浸泡后，将板面上的漆膜剥掉。未擦净处用砂纸磨掉。

（5）钻孔。钻孔时选用合适的钻头。钻头要锋利，转速取高速，但进刀不要过快，以免将铜箔挤出毛刺。

（6）表面处理。用砂纸磨掉氧化层。

（7）涂助焊剂。把已配好的酒精松香水助焊剂立即涂在电路板上。助焊剂可以保护电路板板面，提高可焊性。

7. 实训报告

（1）分析电路的过载指示、短路保护、有源滤波、稳压工作原理。

（2）定量计算电路的输出电压调节范围，并与实验数据进行比较。

（3）分析整理实验数据。

（4）总结收获与体会。

8. 思考题

（1）直流稳压电路如图 4-36 所示。为了保证输出电压 V_o 在 3 ~ 9 V 连续可调，那么调整管 VT$_2$ 的 U_{CE} 工作范围有多大？

（2）直流稳压电路为了取得直流输入电压值 V_i=12V，整流桥前的电源变压器次级电压应选多少伏？为什么？

（3）直流稳压电路的输出电压固定为 4.5 V。如果允许改变直流输入电压值为 12 V、9 V、7 V、5 V、3 V，那么选择哪一挡电压值较为合理，为什么？

9．注意事项

（1）在调试过程中，确保人身安全切勿直接接触 220 V 交流电源，以及做出有可能使其短路的行为。

（2）对于靠得很近的相邻焊点，要注意有无金属毛刺短连，必要时可用万用表测量一下是否短路。

（3）如果发现元器件发热过快、冒烟、打火花等异常情况，应先切断电源，仔细检查并排除故障，然后才可以继续通电调试。

4.10　本章小结

（1）经过桥式整流、电容滤波电路后交流电压可变成直流电压。直流输出电压的大小与电路结构、输入的交流电压有效值有关。

（2）硅稳压管稳压电路是最简单的稳压电路，用于稳定性要求不高的场合。它通过限流电阻的电压变化来保持负载上的直流电压稳定。

（3）在小功率电路中，采用串联型反馈式稳压电源。电路引入负反馈，使输出电压稳定且可调。

（4）集成稳压电路应用广泛，尤其是三端集成稳压器件性能可靠、使用方便。

（5）开关稳压电源有很宽的稳压范围，由于效率高，使得电源体积小，重量轻，但是输出电压中含有较大的纹波。

4.11　习题

1．采用电容滤波时，电容必须与负载＿＿＿＿＿＿＿，它常用于＿＿＿＿＿＿＿的情况。

2．直流稳压电源的作用是，当交流电网电压变化时，或＿＿＿＿＿＿＿变化时，能保持电压基本稳定。

3．硅稳压管并联型稳压电路由＿＿＿＿＿＿＿、＿＿＿＿＿＿＿、＿＿＿＿＿＿＿构成。

4．带有放大环节的串联型晶体管稳压电路一般由＿＿＿＿＿＿＿、＿＿＿＿＿＿＿、＿＿＿＿＿＿＿和＿＿＿＿＿＿＿4 个部分构成。

5．三端集成稳压器的三端是＿＿＿＿＿＿＿、＿＿＿＿＿＿＿、＿＿＿＿＿＿＿。

6. 串联型稳压电路中的调整管必须工作在（　　　）状态。

　　A. 截止　　　　　　B. 饱和　　　　　　C. 放大

7. 要获得 9V 的稳定电压，集成稳压器的型号应选用（　　　）。

　　A. W7812　　　　　B. W7909　　　　　C. W7912　　　　　D. W7809

8. 串联型稳压电源主要由哪几部分构成？调整管是如何使输出电压稳定的？

9. 试设计一台输出电压为 24V、输出电流为 1A 的直流电源，电路形式可采用半波整流或全波整流，试确定两种电路形式的变压器副边绕组的电压有效值，并选定相应的整流二极管。

10. 设计一单相桥式整流、电容滤波电路。要求输出电压 U_O=48V，已知负载电阻 R_L=100Ω，交流电源频率为 50Hz，试选择整流二极管和滤波电容器。

随着信息时代的到来，数字化已成为当今电子技术发展的潮流。数字电子技术不仅广泛应用于现代数字通信、雷达、自动控制、遥测、遥控、数字计算机、数字测量仪等领域，还进入了千家万户的日常生活。数字电路是数字电子技术的核心，是计算机和数字通信的硬件基础。

本章学习目标

● 掌握基本逻辑运算关系；

● 掌握逻辑代数的常用公式、定律和规则；

● 掌握逻辑函数的表示方法及相互转换；

● 掌握逻辑函数的化简方法。

5.1 数制与码制

数制与码制是学习和认识数字电子技术的基础，下面我们就认识一下。

5.1.1 模拟信号与数字信号

模拟信号和数字信号是电子技术中的两大信号，它们有什么区别呢？

1. 模拟信号与数字信号

电子电路中的信号分为模拟信号和数字信号，如图 5-1 所示。模拟信号是指时间、数值均连续的信号，如正弦交流电的电压、电流，温度等。数字信号是指时间、数值均离散的信号，如电子表的秒信号、生产流水线上记录零件个数的计数信号等。

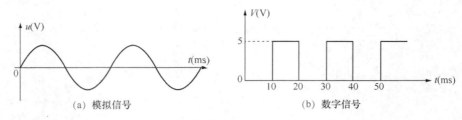

图 5-1　模拟信号与数字信号

2. 正逻辑与负逻辑

常用的数字信号只有两个离散值，通常用数字 0 和 1 来表示。这里的 0 和 1 代表两种状态，而不代表具体数值，称为逻辑 0 和逻辑 1，也称为二值数字逻辑。不同半导体器件的数字电路中逻辑 0 和逻辑 1 对应的逻辑电平值将在后续章节介绍。

当规定高电平为逻辑 1，低电平为逻辑 0 时，称为正逻辑；

当规定低电平为逻辑 1，高电平为逻辑 0 时，称为负逻辑。

图 5-2 所示为采用正逻辑体制的逻辑信号。

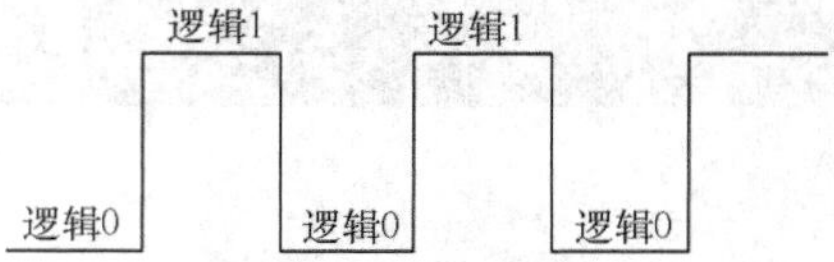

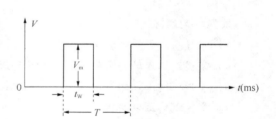

图 5-2　正逻辑体制的逻辑信号

3. 脉冲信号

数字信号在电路中表现为脉冲信号，其特点是一种跃变信号，持续时间短。常见的脉冲信号有矩形波和尖顶波，理想的周期性矩形脉冲信号如图 5-3 所示。其主要参数有：V_m 为信号幅度；T 为信号周期；t_W 为脉冲宽度；q 为占空比，表示脉冲宽度 t_W 占整个周期 T 的百分比，其定义为

图 5-3　理想的周期性矩形脉冲信号

$$q(\%) = \frac{t_W}{T} \times 100\%$$

5.1.2　数字电路

我们把工作于数字信号下的电子电路称为数字电路，把用于传递、处理和加工数字信息的实际工程系统，称为数字系统。

与模拟电路相比，数字电路主要有以下优点：

- 数字电路实现的是逻辑关系，只有 0 和 1 两个状态，易于用电路实现，如用三极管的导通与截止来表示逻辑 0 和逻辑 1；
- 数字电路的系统工作可靠，精度较高，抗干扰能力强；
- 能进行逻辑判断和运算，在控制系统中不可或缺；
- 数字信息便于长期保存，如可存储于磁盘、光盘等介质；

- 数字集成电路产品系列多、通用性强、成本低。

这也正是数字电路得到广泛应用的原因。

数字电路的基本构成单元主要有电阻、电容和二极管、三极管等元器件。按电路组成结构分为分立组件电路和集成电路两类。其中，按集成电路在一块硅片上包含的逻辑门电路或组件的数量即集成度，又分为小规模（SSI）、中规模（MSI）、大规模（LSI）和超大规模（VLSI）集成电路。根据数字电路所用器件的不同，又可分为双极型（DTL、TTL、ECL、I^2L 和 HTL 型）电路和单极型（NMOS、PMOS 和 CMOS 型）电路两类。从逻辑功能上数字电路可分为组合逻辑电路和时序逻辑电路两大类，我们将在后续章节逐一介绍。

练习题

总结数字电路与模拟电路的特点。

5.1.3　数制

多位数码中每一位的构成方法以及从低位到高位的进位规则称为数制。

1. 常用数制

- 十进制（Decimal）

十进制数中，每一位有 0~9 十个数码，计数的基数是 10，低位和相邻高位之间的进位关系为"逢十进一"。

- 二进制（Binary)

二进制数中，每一位只有 0 和 1 两个可能的数码，计数基数为 2，低位和相邻高位之间的进位关系为"逢二进一"。

- 八进制（Octal）

在八进制数中，每一位用 0~7 八个数码表示，计数基数为 8，低位和相邻高位之间的进位关系为"逢八进一"。

- 十六进制（Hexadecimal）

在十六进制数中，每一位用 0~9、A~F 十六个数码表示，计数基数为 16，低位和相邻高位之间的进位关系为"逢十六进一"。

表 5-1 给出了以上各种数制的对照表。

表 5-1　　　　　　　　　　　　各种数制的对照表

十　进　制	二　进　制	八　进　制	十　六　进　制
0	0	0	0
1	1	1	1
2	10	2	2
3	11	3	3
4	100	4	4
5	101	5	5
6	110	6	6

续表

十 进 制	二 进 制	八 进 制	十 六 进 制
7	111	7	7
8	1000	10	8
9	1001	11	9
10	1010	12	A
11	1011	13	B
12	1100	14	C
13	1101	15	D
14	1110	16	E
15	1111	17	F

2. 数制的表示

一般地，N 进制（任意进制）数 D 展开式的普遍形式为

$$(D)_N = (d_{n-1}d_{n-2}\cdots d_0 \cdot d_{-1}d_{-2}\cdots d_{-m})_N = \sum_{i=-m}^{n-1} d_i \times N^i$$

式中，m 为小数部分的位数，n 为整数部分的位数，i 为数位的序号，d_i 为第 i 位的数码，N 为进位基数（计数基数），N^i 为第 i 位的权值。

例如：$(3456.789)_{10}=3\times10^3+4\times10^2+5\times10^1+6\times10^0+7\times10^{-1}+8\times10^{-2}+9\times10^{-3}$

3. 数制转换

（1）N 进制数转换为十进制数

用"按权相加"法可将其他进制数转换为十进制数，即将每一位 N 进制数乘以位权，然后相加即可。

例如：$(11011.101)_2=1\times2^4+1\times2^3+0\times2^2+1\times2^1+1\times2^0+1\times2^{-1}+0\times2^{-2}+1\times2^{-3}=(27.625)_{10}$

（2）十进制数转换为二进制数

用"除 2 取余"法。

例如：将十进制数 23 转换为二进制数。

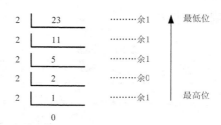

则 $(23)_{10}=(10111)_2$。

类似地可进行十进制数到八进制数、十六进制数的转换。

例如：$(22)_{10}=(16)_{16}=(26)_8$

（3）二进制数转换为十六（八）进制数

用"4 位分组"法，即从小数点向左，把二进制整数按每 4 位一组从低位到高位分组；从小数点

向右把小数部分每 4 位一组分组；不足 4 位的补零；最后将每一组用等值的十六进制数代替即可。

例如：$(1001101.100111)_2 = (\underline{0100}\ \underline{1101}.\underline{1001}\ \underline{1100})_2 = (4D.9C)_{16}$

类似地可将二进制数转换成八进制数，不同之处是分组时按每 3 位一组进行，最后每一组用八进制数代替。

例如：$(1100101.11)_2 = (\underline{001}\ \underline{100}\ \underline{101}.\underline{110})_2 = (145.6)_8$

（4）十六进制数 、八进制数转换为二进制数

将十六进制数的每一位转换为一个 4 位二进制数，按位的高低依次排列，即可将一个十六进制数转换为二进制数。

例如：$(6E.3A5)_{16} = (110\quad 1110.\ 0011\quad 1010\quad 0101)_2$

类似地，若将八进制数转换为二进制数，只需将每一位变成 3 位二进制数，按位的高低依次排列即可。

5.1.4　二进制码

二进制码是逻辑电路中最常用、最重要的一种编码。下面介绍它的一些基础知识。

1．代码与码制

由于数字系统是以二值数字逻辑为基础的，因此数字系统中的信息（包括数值、文字、控制命令等）都是用一定位数的二进制码表示的。不同的数码不仅可以表示不同的数量，也可以表示不同的事物（如数字、字母、标点符号、命令和控制字等），这时，表示不同事物的数码则称为代码。编制代码时所遵循的规则称为码制。

2．二—十进制代码

二进制编码方式有多种，常用的是二—十进制码，又称 BCD 码（Binary-Coded-Decimal）。BCD 码是用二进制代码来表示十进制的 0 ~ 9 十个数。

要用二进制代码来表示十进制的 0 ~ 9 十个数，至少要用 4 位二进制数。4 位二进制数有 16 种组合，可从这 16 种组合中选择 10 种组合分别来表示十进制的 0 ~ 9 十个数。对这 10 种组合的不同选择方案，形成了不同的 BCD 码。具有一定规律的常用 BCD 码如表 5-2 所示。

表 5-2　　　　　　　　　　　　　　　常用 BCD 码

十 进 制 数	8421 码	2421 码	5421 码	余 三 码
0	0000	0000	0000	0011
1	0001	0001	0001	0100
2	0010	0010	0010	0101
3	0011	0011	0011	0110
4	0100	0100	0100	0111
5	0101	1011	1000	1000
6	0110	1100	1001	1001
7	0111	1101	1010	1010
8	1000	1110	1011	1011
9	1001	1111	1100	1100
位权	8 4 2 1	2 4 2 1	5 4 2 1	无权

BCD码用4位二进制码表示的只是十进制数的一位。如果是多位十进制数，应先将每一位用BCD码表示，然后再组合起来。

【例5-1】 将十进制数83分别用8421码、2421码和余3码表示。

解：

$(83)_{10}=(1000\ 0011)_{8421\,码}$

$(83)_{10}=(1110\ 0011)_{2421\,码}$

$(83)_{10}=(1011\ 0110)_{余3\,码}$

练习题

（1）二进制数10101转换为十进制数后为_____。

（2）欲表示十进制的十个数码，需要_____位二进制码。

5.2 逻辑代数的基本运算

数字电路实现的是逻辑关系，逻辑关系是指某事物的条件（或原因）与结果之间的关系。分析和设计数字逻辑电路的数学工具是逻辑代数，也称布尔代数（1849年由英国数学家乔治·布尔首先提出）。

逻辑代数和普通代数一样，也是用字母来表示变量的，这种变量称为逻辑变量。在数字逻辑电路中，一位二进制数码的0和1，不仅可表示数量的大小，也可表示两种状态的不同。用数字逻辑电路可进行算术运算和逻辑运算。

逻辑代数中只有3种基本运算：与运算（逻辑乘）、或运算（逻辑加）和非运算（逻辑非）。

5.2.1 与运算

与逻辑是指只有当决定一件事情的条件全部具备之后，这件事情才会发生。

与运算的规则为：有0得0，全1得1。

图5-4（a）所示电路即可实现与逻辑：开关A与B都闭合，灯L才亮。将其逻辑关系用文

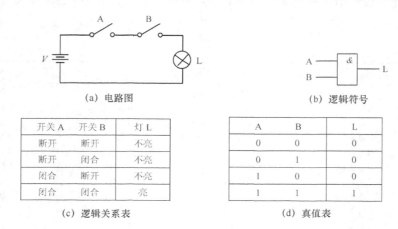

开关A	开关B	灯L
断开	断开	不亮
断开	闭合	不亮
闭合	断开	不亮
闭合	闭合	亮

(c) 逻辑关系表

A	B	L
0	0	0
0	1	0
1	0	0
1	1	1

(d) 真值表

图5-4 与逻辑运算

字描述并列成表格如图 5-4（c）所示；如果用二值逻辑 0 和 1 来表示，并设 1 表示开关闭合或灯亮，0 表示开关断开或灯不亮，则得到如图 5-4（d）所示的表格，称为逻辑真值表。

在数字电路中能实现与运算的电路称为与门电路，其逻辑符号如图 5-4（b）所示，若用逻辑表达式来描述，则可写为

$$L = A \cdot B$$

与运算可以推广到多变量：$L = A \cdot B \cdot C \cdots$

5.2.2　或运算

或逻辑是指当决定一件事情的几个条件中，只要有一个或一个以上条件具备，这件事情就会发生。

或运算的规则为：有 1 得 1，全 0 得 0。

图 5-5（a）所示为实现或逻辑的电路图。将其逻辑关系用文字描述并列成表格如图 5-4（c）所示，其真值表如图 5-5（d）所示。在数字电路中能实现或运算的电路称为或门电路，其逻辑符号如图 5-5（b）所示。若用逻辑表达式来描述，则可写为

$$L = A + B$$

或运算也可以推广到多变量：$L = A + B + C \cdots$

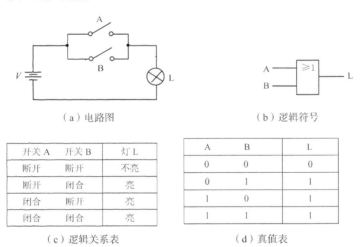

（a）电路图　　　　　　　　（b）逻辑符号

开关 A	开关 B	灯 L
断开	断开	不亮
断开	闭合	亮
闭合	断开	亮
闭合	闭合	亮

A	B	L
0	0	0
0	1	1
1	0	1
1	1	1

（c）逻辑关系表　　　　　　　　（d）真值表

图 5-5　或逻辑运算

5.2.3　非运算

非逻辑是指条件具备时事情不发生，条件不具备时事情才发生。

图 5-6（a）所示为实现非逻辑的电路图。当开关 A 闭合时，灯不亮；而当 A 不闭合时，灯亮。其逻辑关系和真值表如图 5-6（c）、（d）所示。若用逻辑表达式来描述，则可写为

$$L = \overline{A}$$

在数字电路中实现非运算的电路称为非门电路，其逻辑符号如图 5-6（b）所示。

任何复杂的逻辑运算都可以由以上 3 种基本逻辑运算组合而成。在实际应用中为了减少逻辑

门的数目，使数字电路的设计更方便，还常常使用其他几种常用逻辑运算，如与非、或非、异或等，其真值表和逻辑符号及逻辑表达式分别如图5-7、图5-8、图5-9所示。

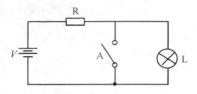

（a）电路图 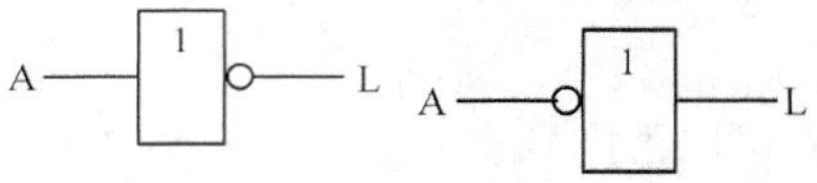　　　　　　　　　　　　（b）逻辑符号

开关 A	灯 L
不闭合	亮
闭合	不亮

A	L
0	1
1	0

（c）逻辑关系表　　　　　　　　　　（d）真值表

图 5-6　非逻辑运算

A	B	$L=\overline{A \cdot B}$
0	0	1
0	1	1
1	0	1
1	1	0

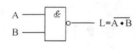

（a）真值表　　　　　　　　　　（b）逻辑符号及逻辑表达式

图 5-7　与非逻辑运算

A	B	$L=\overline{A+B}$
0	0	1
0	1	0
1	0	0
1	1	0

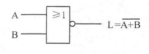

（a）真值表　　　　　　　　　　（b）逻辑符号及逻辑表达式

图 5-8　或非逻辑运算

A	B	$A \oplus B$
0	0	0
0	1	1
1	0	1
1	1	0

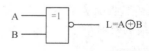

（a）真值表　　　　　　　　　　（b）逻辑符号及逻辑表达式

图 5-9　异或逻辑运算

5.3　逻辑代数

逻辑代数，也叫开关代数，起源于英国数学家乔治·布尔（George Boole）于 1849 年创立的布尔代数，是数字电路设计理论中的数字逻辑科目的重要组成部分。

5.3.1　逻辑函数的表示方法

描述逻辑关系的函数称为逻辑函数，前面讨论的与、或、非都是逻辑函数，是从生活和生产实践中抽象出来的，只有那些能明确地用"是"或"否"作出回答的事物，才能定义为逻辑函数。

一般地讲，若输入逻辑变量 A、B、C…的取值确定以后，输出逻辑变量 Y 的值也唯一地确定了，则称 Y 是 A、B、C…的逻辑函数。写作：Y=F（A、B、C，…）。

一个逻辑函数有 4 种表示方法，即真值表、函数表达式、逻辑图和卡诺图。这里介绍前 3 种及各种表示形式间的转换。

1.　真值表

真值表是将输入逻辑变量的各种可能取值和相应的函数值排列在一起而组成的表格。为避免遗漏，各变量的取值组合应按照二进制递增的次序排列。真值表的特点如下。

- 直观明了。用真值表表示逻辑函数时，变量的各种取值与函数值之间的关系一目了然。
- 把一个实际的逻辑问题抽象成一个逻辑函数时，使用真值表是最方便的。因此在对一个逻辑问题建立逻辑函数时，常常是先写出真值表，再得到逻辑表达式。
- 缺点是当变量比较多时，表比较大，显得过于烦琐。

2.　逻辑函数式

逻辑函数式就是由逻辑变量和"与""或""非"3 种运算符构成的表达式。

3.　逻辑图

逻辑图就是由逻辑符号及它们之间的连线而构成的图形。

4.　逻辑函数表示形式的变换

（1）由真值表转换为逻辑函数式
- 找出真值表中使逻辑函数等于 1 的那些输入变量取值的组合；
- 每组输入变量取值的组合，其中取值为 1 的写入原变量，取值为 0 的写入反变量，得出对应的乘积项；
- 将各乘积项相加，可得出真值表对应的逻辑函数。

【例 5-2】　由图 5-9 所示异或逻辑真值表，写出其逻辑表达式。

解：

其逻辑表达式为：$L = A\overline{B} + \overline{A}B$

（2）由逻辑函数式转换为真值表

画出真值表的表格，将变量及变量的所有取值组合按照二进制递增的次序列入表格左边，然后按照表达式，依次对变量的各种取值组合进行运算，求出相应的函数值，填入表格右边对应的位置，即得真值表。

【例 5-3】 写出 $L = A \cdot B + \overline{A} \cdot \overline{B}$ 的真值表。

解：

如函数 $L = A \cdot B + \overline{A} \cdot \overline{B}$ 有两个变量，有 4 种取值的可能组合，将它们按顺序排列起来即得真值表，如表 5-3 所示。

表 5-3 　　$L = A \cdot B + \overline{A} \cdot \overline{B}$ 的真值表

A	B	L
0	0	1
0	1	0
1	0	0
1	1	1

（3）由逻辑函数式画出逻辑图

用图形符号代替逻辑式中的运算符号，可得和逻辑式对应的逻辑图。

【例 5-4】 画出 $L = A \cdot B + \overline{A} \cdot \overline{B}$ 的逻辑图。

解：

函数 $L = A \cdot B + \overline{A} \cdot \overline{B}$ 的逻辑图如图 5-10 所示。

（4）由逻辑图写出逻辑函数式

从输入端到输出端逐级写出每个图形符号的逻辑式，可得对应的逻辑函数式。

【例 5-5】 写出图 5-11 所示逻辑图的逻辑函数式。

解：

如图 5-11 所示逻辑图，是由基本的"与"、"或"逻辑符号组成的，可由输入至输出逐步写出逻辑表达式：$L = AB + BC + AC$。

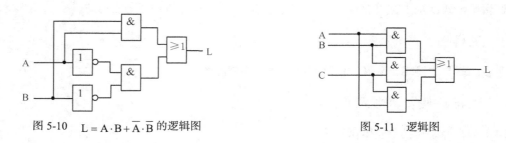

图 5-10　$L = A \cdot B + \overline{A} \cdot \overline{B}$ 的逻辑图　　　　图 5-11　逻辑图

5.3.2 逻辑代数的基本公式和规则

逻辑代数与普通代数一样，有一套完整的运算规则，包括公理、定理和定律，用它们对逻辑函数式进行处理，可以完成对电路的化简、变换、分析与设计。

1. 逻辑代数的基本公式

逻辑代数的定律，有的与普通代数相似，有的与普通代数不同，使用时应特别注意。

$0-1$ 律：$A \cdot 1 = A$；$A \cdot 0 = 0$

$\qquad A + 0 = A$；$A + 1 = 1$

交换律：$AB = BA$；$A + B = B + A$

结合律：$A(BC) = (AB)C$；$A + (B + C) = (A + B) + C$

分配律：$A(B + C) = AB + AC$；$A + BC = (A + B)(A + C)$

吸收律：$A(A + B) = A$；$A(\overline{A} + B) = AB$；$(A + B)(\overline{A} + C)(B + C) = (A + B)(\overline{A} + C)$

$\qquad A + AB = A$；$A + \overline{A}B = A + B$；$AB + \overline{A}C + BC = AB + \overline{A}C$

反演律（摩根定理）：$\overline{AB} = \overline{A} + \overline{B}$；$\overline{A + B} = \overline{A}\,\overline{B}$

互补律：$A\overline{A} = 0$；$A + \overline{A} = 1$

重叠律：$AA = A$；$A + A = A$

对合律：$\overline{\overline{A}} = A$

2. 逻辑代数的基本规则

（1）代入规则

代入定理：在任何一个包含变量 A 的逻辑等式中，若以另外一个逻辑式代入式中所有 A 的位置，则等式仍然成立。

依代入定理，在逻辑等式中，可把一个变量看成一个逻辑表达式，也可以把式子中的某一部分表达式看成一个变量。利用代入规则还可以方便地扩展公式，例如，在反演律 $\overline{AB} = \overline{A} + \overline{B}$ 中用 BC 去代替等式中的 B，则新的等式仍成立

$$\overline{ABC} = \overline{A} + \overline{BC} = \overline{A} + \overline{B} + \overline{C}$$

（2）反演规则

反演定理：对于任意一个逻辑式 Y，若将其中所有的"·"换成"+"、"+"换成"·"、0 换成 1、1 换成 0、原变量换成反变量、反变量换成原变量，则得到的结果就是 $\overline{Y}$。

利用反演定理可以求逻辑函数的反函数。使用反演定理应注意：

- 遵守"先括号、然后乘、最后加"的运算优先次序；
- 不属于单个变量上的反号应保留不变。

运用反演定理时要切实注意上面提到的两点，在遵守运算优先次序的同时，应注意将原逻辑式中的与项仍作为一个项看待，变换时应将得到的或逻辑式加上括号。

例如函数 $L = \overline{A}C + B\overline{D}$ 的反函数为：$\overline{L} = (A + \overline{C}) \cdot (\overline{B} + D)$

又如函数 $L = A \cdot \overline{B + C + \overline{D}}$ 的反函数为：$\overline{L} = \overline{A} + \overline{\overline{B} \cdot \overline{C} \cdot D}$

（3）对偶规则

对偶式：对于任何一个逻辑式 Y，若将其中的"·"换成"+"，"+"换成"·"，0 换成 1，1 换成 0，得到一个新的逻辑式 Y'，Y'就称为 Y 的对偶式。Y 和 Y'互为对偶式。

对偶定理：如果两个逻辑式相等，那么它们的对偶式也相等。

利用对偶规则可以帮助减少公式的记忆量。例如，由公式 $A(BC) = (AB)C$ 利用对偶规则，不难得出公式 $A + (B + C) = (A + B) + C$，这样我们只记忆逻辑代数基本公式中的一部分即可。

5.3.3 逻辑函数的化简

通常得到的逻辑函数式比较复杂，为了便于了解逻辑函数的逻辑功能，或为使逻辑电路结构更简单，常需对逻辑函数进行化简。利用前述逻辑代数的定理和规则，可实现逻辑函数的化简。逻辑代数的化简常用的方法有代数法（公式法）和卡诺图法，本章只介绍前者。

1. 逻辑函数的最简形式

一个逻辑函数的某种表达式，可以对应地用一个逻辑电路来描述；反之，一个逻辑电路也可以对应地用一个逻辑函数来表示。但是，一个逻辑函数的表达式不是唯一的，可以有多种形式，并且能互相转换。常见的逻辑式主要有 5 种形式，例如：

$$L = AC + \overline{A}B \qquad \text{与—或表达式}$$

$$= (A + B)(\overline{A} + C) \qquad \text{或—与表达式}$$

$$= \overline{\overline{AC} \cdot \overline{\overline{A}B}} \qquad \text{与非—与非表达式}$$

$$= \overline{\overline{A + B} + \overline{\overline{A} + C}} \qquad \text{或非—或非表达式}$$

$$= \overline{\overline{AC} + \overline{\overline{A}B}} \qquad \text{与—或非表达式}$$

在上述表达式中，"与或"表达式是逻辑函数的最基本表达形式。因此，在化简逻辑函数时，通常是将逻辑式化简成最简"与或"表达式，然后再根据需要转换成其他形式。

最简"与或"表达式含义为：
① 逻辑函数中的与项最少；
② 在条件①下，每一与项中的变量数最少。

2. 用代数法化简逻辑函数

代数化简法是反复利用逻辑代数的基本公式、常用公式、基本定理消去函数式中多余的乘积项和多余的因子，以求得函数式的最简形式。最常用的方法有：并项法（合并项法）、吸收法、消项法、消因子法、配项法等。

- 并项法：利用互补律，将两项合并，从而消去一个变量。例如
$$L = AB\overline{C} + ABC = AB(\overline{C} + C) = AB$$

- 吸收法：利用吸收律 $A + AB = A$，将 AB 项消去。A、B 可以是任何复杂的函数式。例如
$$L = A\overline{B} + A\overline{B}(C + DE) = A\overline{B}$$

- 消去法：运用吸收律 $A + \overline{A}B = A + B$ 消去多余的因子。A、B 可以是任何复杂的逻辑式。例如
$$L = AB + \overline{A}C + \overline{B}C = AB + (\overline{A} + \overline{B})C = AB + \overline{AB}C = AB + C$$

- 配项法。先通过乘以 $A + \overline{A}$ （=1）或加上 $A\overline{A}$ （=0），增加必要的乘积项，再用以上方法化简。例如

$$L = AB + \overline{A}C + BCD = AB + \overline{A}C + BCD(A + \overline{A}) = AB + \overline{A}C + ABCD + \overline{A}BCD = AB + \overline{A}C$$

应用代数法化简逻辑函数式，要求熟练掌握逻辑代数的基本公式、常用公式、基本定理，且技巧性强，需通过大量的练习才能做到应用自如。这种方法在许多情况下还不能断定所得的最后结果是否已是最简，故有一定的局限性。

【例 5-6】 化简逻辑函数 $Y = AD + A\overline{D} + AB + \overline{A}C + BD + A\overline{B}EF + \overline{B}EF$ 。

解：

$$Y = AD + A\overline{D} + AB + \overline{A}C + BD + A\overline{B}EF + \overline{B}EF$$
$$= A + AB + \overline{A}C + BD + A\overline{B}EF + \overline{B}EF$$
$$= A + \overline{A}C + BD + A\overline{B}EF + \overline{B}EF$$
$$= A + C + BD + \overline{B}EF$$

练习题

（1）默写逻辑代数的基本公式。

（2）怎样将真值表转换为逻辑表达式？怎样将逻辑表达式转换为真值表？

5.4 本章小结

（1）数字信号在时间上和数值上均是离散的。对数字信号进行传送、加工和处理的电路称为数字电路。数字电路中用高电平和低电平分别来表示逻辑 1 和逻辑 0，数字系统中常用二进制数来表示数据。在二进制位数较多时，常用十六进制或八进制作为二进制的简写。各种计数体制之间可以相互转换。常用的 BCD 码有 8421 码、2421 码、5421 码、余 3 码等，其中 8421 码使用最广泛。

（2）逻辑运算中的 3 种基本运算是与、或、非运算。分析数字电路或数字系统的数学工具是逻辑代数。描述逻辑关系的函数称为逻辑函数，逻辑函数是从生活和生产实践中抽象出来的，只有那些能明确地用"是"或"否"作出回答的事物，才能定义为逻辑函数。逻辑函数中的变量和函数值都只能取 0 或 1 两个值。

（3）常用的逻辑函数表示方法有真值表、逻辑函数式、逻辑图等，它们之间可以任意地相互转换。逻辑代数有基本公式和规则，有的与普通代数的相同，有的则不同。在利用它们进行逻辑分析、运算和化简时需要注意。逻辑函数化简的目的是为了获得最简逻辑函数式，从而使逻辑电路简单、成本低、可靠性高。

5.5 习题

1. 二进制的计数原则是_____。

2. 表示逻辑函数的方法有_____、_____、_____、_____。

3. 将 11 0101 0111 二进制转换成十进制数。

4. 将 405 十进制数转换成二进制数。

5. 将 1100 1111 0001 1101 二进制转换成十六进制数。

6. 将 A5FC 十六进制转换成二进制数。

7. 将 3D 十六进制转换成十进制数。

8. 化简 $L = (AB + A\overline{B} + \overline{A}B)(A + B + D + \overline{A}\overline{B}\overline{D})$ 逻辑函数表达式。

9. 化简 $L = ABC + \overline{A} + \overline{B} + \overline{C} + D$ 逻辑函数表达式。

第6章

逻辑门电路

我们学习了与、或、非、与非、或非等各种逻辑运算，这些运算关系都是用逻辑符号来表示的，而在工程中每一个逻辑符号都对应着一种电路，称为逻辑门电路。逻辑门电路是组合电路中的基本单元电路，可由之实现各种逻辑函数。逻辑门电路可以用分立元件组成，也可以是集成电路。

本章学习目标

- 掌握基本逻辑门电路的构成、逻辑功能和相应的逻辑符号；
- 掌握集成 TTL 门电路的特点及参数；
- 掌握集成 CMOS 门电路的特点及参数；
- 掌握集成门电路输入输出端的处理。

6.1 分立元件门电路

我们从分立元件的门电路入手，分析门电路的基本工作原理，从而为集成门电路分析打下基础。

6.1.1 二极管的开关特性

在数字电路中，二极管工作在开关状态。

1. 二极管开关的动态特性

当二极管两端加正向电压时，二极管导通，如果管压降可忽略，二极管相当于一个闭合的开关；当二极管两端加反向电压时，二极管截止，如果反向电流可忽略，二极管相当于一个断开的开关。

可见，二极管在电路中表现为一个受外加电压控制的开关，当外加电压为一脉冲信号时，二极管将随着脉冲电压的变化在"开"态与"关"态之间转换。这个转换过程就是二极管开关的动态特性。

2. 二极管开关的静态特性

图 6-1（a）所示的二极管电路加上一个方波信号，得到如图 6-1（b）、（c）所示的理想开关特性。而实际上，二极管从正向导通转为反向截止，要经过一个反向恢复过程，如图 6-1（d）所示，图中 t_s 为存储时间，t_t 称为渡越时间，$t_{re} = t_s + t_t$ 称为反向恢复时间。

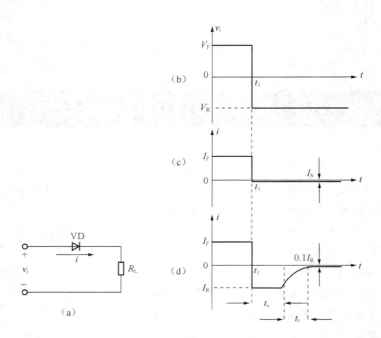

图 6-1 二极管开关的特性

反向恢复过程是由于二极管正向导通时的电荷存储效应引起的，反向恢复时间就是存储电荷消失所需要的时间，它的存在，使二极管的开关速度受到限制。

同理，二极管从截止转为正向导通也需要时间，这段时间称为开通时间。开通时间比反向恢复时间要小得多，一般可以忽略不计。

6.1.2 三极管的开关特性

在不同电压条件下，三极管可进入 3 种工作状态：截止状态、放大状态和饱和状态。可见，如果给三极管加上脉冲信号，它就会时而截止，时而饱和导通。三极管在两种状态之间相互转换时，其内部电荷也有一个"消散"和"建立"的过程，也需要一定的时间。三极管开关的输入电压波形、理想的集电极电流波形和实际的集电极电流波分别如图 6-2（a）、（b）、（c）所示。

三极管开关动态过程的参数如表 6-1 所示。

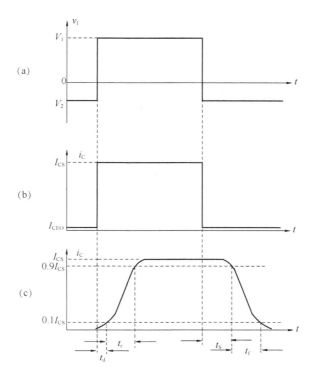

图 6-2　三极管开关的特性

表 6-1　　　　　　　　　　　　三极管开关动态过程的参数

名　称	符　号	意　义
延迟时间	t_d	从输入信号 v_I 正跳变的瞬间开始，到集电极电流 i_C 上升到 $0.1I_{CS}$ 所需的时间，是给发射结的结电容充电，使空间电荷区逐渐由宽变窄所需要的时间
上升时间	t_r	集电极电流从 $0.1I_{CS}$ 上升到 $0.9I_{CS}$ 所需的时间，是给发射结的扩散电容充电，即在基区逐渐积累电子，形成一定的浓度梯度所需的时间
存储时间	t_s	从输入信号 v_I 下跳变的瞬间开始，到集电极电流 i_C 下降到 $0.9I_{CS}$ 所需的时间，是消散超量存储电荷所需的时间
下降时间	t_f	集电极电流从 $0.9I_{CS}$ 下降到 $0.1I_{CS}$ 所需的时间，是继续消散临界饱和状态时为建立浓度梯度而在基区中积累的电荷，即给发射结的扩散电容放电所需的时间
开通时间	t_{on}	$t_{on}=t_d+t_r$。开通时间反映了三极管从截止到饱和所需要的时间，这是建立基区电荷的时间
关闭时间	t_{off}	$t_{off}=t_s+t_f$，关闭时间反映了三极管从饱和到截止所需要的时间，是存储电荷消散的时间

　　三极管的开启时间和关闭时间总称为三极管的开关时间，一般为几个到几十纳秒。三极管的开关时间对电路的开关速度影响很大，开关时间越小，电路的开关速度越高。

6.1.3　基本逻辑门电路

　　能够实现逻辑运算的电路称为逻辑门电路。在用分立元件电路实现逻辑运算时，用输入端的电压或电平表示自变量，用输出端的电压或电平表示因变量。

1. 二极管与门电路

二极管与门电路如图 6-3 所示，工作情况是：

- $V_A=V_B=0V$ 时，二极管 VD_1 和 VD_2 都导通，则 $V_L \approx 0V$。
- $V_A=0V$，$V_B=5V$ 时，二极管 VD_1 导通，则 $V_L \approx 0V$，VD_2 受反向电压而截止。
- $V_A=5V$，$V_B=0V$ 时，二极管 VD_2 导通，则 $V_L \approx 0V$，VD_1 受反向电压而截止。
- $V_A=V_B=5V$ 时，二极管 VD_1 和 VD_2 都截止，$V_L=V_{CC}=5V$。

将上述结果进行归纳，按正逻辑体制，很容易看出该电路实现逻辑运算为 $L = A \cdot B$。

增加一个输入端和一个二极管，就可变成三输入端与门。依此类推，可构成更多输入端的与门。

2. 二极管或门电路

二极管或门电路如图 6-4 所示。同理可分析出，该电路实现逻辑运算为 L=A+B。同样，可用增加输入端和二极管的方法，构成更多输入端的或门。

图 6-3　二极管与门电路　　　　　　图 6-4　二极管或门电路

3. 三极管非门电路

图 6-5 所示为由三极管组成的非门电路，又称反相器。设输入信号为+5V 或 0V，此电路只有以下两种工作情况：

- $V_A=0V$ 时，三极管的发射结电压小于死区电压，满足截止条件，所以管子截止，$V_L=V_{CC}=5V$。
- $V_A=5V$ 时，三极管的发射结正偏，管子导通，只要合理选择电路参数，使其满足饱和条件 $I_B > I_{BS}$，管子就会工作于饱和状态，有 $V_L=V_{CES} \approx 0V$（0.3V）。

此电路不管采用正逻辑体制还是负逻辑体制，都满足非运算的逻辑关系。

4. DTL 与非门电路

为了消除二极管门电路在串接时产生的电平偏离问题，并提高其带负载能力，常将二极管与门和或门与三极管非门组合起来组成与非门和或非门电路，如图 6-6 所示，即为 DTL 与非门电路。

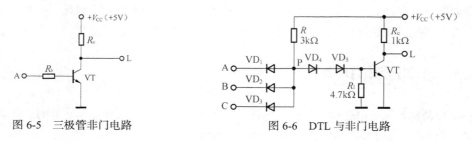

图 6-5　三极管非门电路　　　　　图 6-6　DTL 与非门电路

该电路的逻辑关系如下。

● 当三输入端都接高电平时（即 $V_A=V_B=V_C=5V$），二极管 $VD_1 \sim VD_3$ 都截止，而 VD_4、VD_5 和 VT 导通。可以验证，此时三极管饱和，$V_L = V_{CES} \approx 0.3V$，即输出低电平。

● 在三输入端中只要有一个为低电平 0.3V 时，则阴极接低电平的二极管导通，由于二极管正向导通时的钳位作用，$V_P \approx 1V$，从而使 VD_4、VD_5 和 VT 都截止，$V_L=V_{CC}=5V$，即输出高电平。

可见该电路满足与非逻辑关系，即 $L = \overline{A \cdot B \cdot C}$。

练习题

画出二极管与三极管构成的或非门电路，并分析其逻辑关系。

6.2 集成 TTL 门电路

以双极型半导体管为基本元件，集成在一块硅片上，实现一定逻辑功能的电路称为双极型数字集成电路。双极型数字集成电路中应用最多的一种是 TTL 电路，即三极管—三极管逻辑电路。

6.2.1 TTL 与非门的结构及原理

认识和使用 TTL 与非门，必须了解 TTL 与非门的结构和工作原理。

1. TTL 与非门的基本结构

图 6-7 所示为一个典型的 TTL 与非门电路。电路由输入级、倒相级和输出级 3 部分组成。

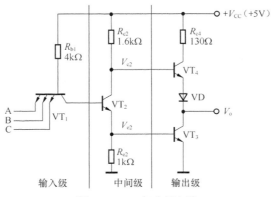

图 6-7　TTL 与非门电路

（1）输入级

输入级由 VT_1 和 R_{b1} 组成。VT_1 是一个多发射极三极管，可以把它看成是发射极独立而基极和集电极分别并联在一起的三极管。输入级采用多发射极三极管作与门，可以减小存储时间。

（2）倒相级

由 VT_2 和电阻 R_{c2}、R_{e3} 组成倒相放大器，输出两个相位相反的信号，驱动 VT_3、VT_4 组成的推拉式输出级。利用 VT_2 的放大作用，为输出管 VT_3 提供较大的基极电流，加速输出管的导通。

（3）输出级

输出级由 VT_3、VT_4、VD 和 R_{c4} 组成。由三极管 VT_4、二极管 VD 和 R_{c4} 组成 VT_3 的有源负

载，互补工作，提高了输出级的带负载能力。

2. TTL 与非门的工作原理

因为该电路的输出高低电平分别为 3.6V 和 0.3V，所以在下面的分析中也假设输入高低电平分别为 3.6V 和 0.3V。

（1）输入全为高电平 3.6V

VT_2、VT_3 导通，$V_{B1}=0.7V\times3=2.1$（V），从而使 VT_1 的发射结因反偏而截止。此时 VT_1 的发射结反偏，而集电结正偏，称为倒置放大工作状态。

由于 VT_3 饱和导通，输出电压为：$V_o=V_{CES3}\approx0.3V$。这时 $V_{e2}=V_{B3}=0.7V$，而 $V_{CE2}=0.3V$，故有 $V_{c2}=V_{e2}+V_{CE2}=1V$。1V 的电压作用于 VT_4 的基极，使 VT_4 和二极管 VD 都截止。可见实现了与非门的逻辑功能之一：输入全为高电平时，输出为低电平。

输入全为高电平时，TTL 与非门工作情况如图 6-8 所示。

（2）输入有低电平 0.3V

输入为低电平的发射结导通，VT_1 的基极电位被钳位到 $V_{B1}=1V$。VT_2、VT_3 都截止。由于 VT_2 截止，流过 R_{c2} 的电流仅为 VT_4 的基极电流，这个电流较小，在 R_{c2} 上产生的压降也较小，可以忽略，所以 $V_{B4}\approx V_{CC}=5V$，使 VT_4 和 VD 导通，则有

$$V_o\approx V_{CC}-V_{BE4}-V_D=5V-0.7V-0.7V=3.6（V）$$

可见实现了与非门的另一逻辑功能：输入有低电平时，输出为高电平。

输入有低电平时，TTL 与非门工作情况如图 6-9 所示。

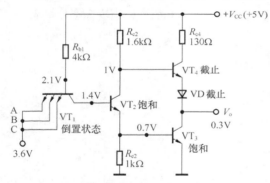

图 6-8　输入全为高电平时的工作情况

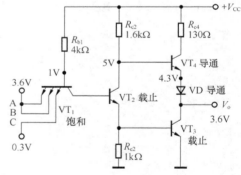

图 6-9　输入有低电平时的工作情况

综合上述两种情况可知，该电路是一个与非门。

6.2.2　TTL 与非门电路的主要外部工作特性

TTL 与非门主要外部工作特性有电压传输特性、动态特性、输入特性和输出特性等，在此主要介绍电压传输特性和动态特性中的传输时间。

1. TTL 与非门的电压传输特性

TTL 与非门的电压传输特性曲线是指 TTL 与非门的输出电压与输入电压之间的对应关系曲线，即 $V_o=f（V_i）$，它反映了电路的静态特性。

在图 6-10 中，TTL 与非门的电压传输曲线大致分 4 个区：

- *AB* 段（截止区），输出电压 V_o 基本不随输入电压 V_i 变化。
- *BC* 段（线性区），输出电压下降。
- *CD* 段（过渡区），输出由高电平转换为低电平。此区中点对应的输入电压称为阈值电压或门槛电压（V_{TH}）。
- *DE* 段（饱和区），V_o 不变化。

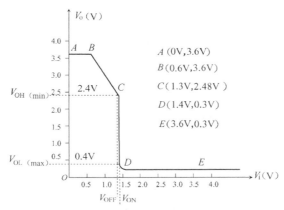

图 6-10　TTL 与非门的电压传输特性曲线

2. TTL 与非门的传输时间

电路输入电平跳变后，TTL 与非门电路的输出状态从一个稳态过渡到另一种稳态，此过程的快慢是影响电路开关速度的主要因素。当与非门输入一个脉冲波形时，其输出波形有一定的延迟，如图 6-11 所示。导通延迟时间 t_{PHL} 是指从输入波形上升沿的中点到输出波形下降沿的中点所经历的时间，截止延迟时间 t_{PLH} 是指从输入波形下降沿的中点到输出波形上升沿的中点所经历的时间。与非门的传输延迟时间 t_{pd} 是 t_{PHL} 和 t_{PLH} 的平均值，即 $t_{pd} = \dfrac{t_{PLH} + t_{PHL}}{2}$。

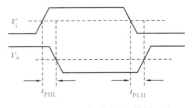

图 6-11　TTL 与非门的传输时间

一般 TTL 与非门传输延迟时间 t_{pd} 的值为几到十几纳秒。

6.2.3　TTL 与非门电路的主要参数

TTL 门电路的参数是使用门电路的重要依据。下面介绍 TTL 与非门电路主要参数的物理意义，其他门电路参数意义也大致相同。

1. 输出高电平 V_{OH}

与非门的一个或几个输入端接地，门电路处于截止状态，这时的输出电平称为输出高电平。V_{OH} 的理论值为 3.6V，带额定负载时要求 $V_{OH} \geqslant 3V$，产品规范 $V_{OH} \geqslant 2.4V$。

2. 输出低电平 V_{OL}

与非门的输入全为高电平时，门电路处于饱和导通状态，这时的输出电平称为输出低电平。V_{OL} 的理论值为 0.3V，带额定负载时要求 $V_{OL} \leqslant 0.35V$，产品规范 $V_{OL} \leqslant 0.4V$。

由上述规定可以看出，TTL 门电路的输出高低电压都不是一个值，而是一个范围。

3. 关门电平电压 V_{OFF}

当输出电平下降到 $V_{OH(min)}$ 时对应的输入电平，即输入低电平的最大值，在产品手册中常称为输入低电平电压，用 V_{OFF} 表示。产品规定 $V_{OFF}=0.8V$，典型值为 1V。

4. 开门电平电压 V_{ON}

额定负载下，输出电压下降到 $V_{OL(max)}$ 时所需的最低输入电压，在产品手册中常称为输入高电平电压，用 V_{ON} 表示。从电压传输特性曲线上看 $V_{IH(min)}$（V_{ON}）略大于 1.3V，产品规定 $V_{ON}<2V$。

5. 阈值电压 V_{TH}

阈值电压是决定电路截止和导通的分界线，也是决定输出高、低电压的分界线。V_{TH} 是一个很重要的参数，在近似分析和估算时，常把它作为决定与非门工作状态的关键值，即 $V_I<V_{TH}$，与非门开门，输出低电平；$V_I>V_{TH}$，与非门关门，输出高电平。V_{TH} 又常被形象地称为门槛电压。V_{TH} 的值是 1.3 ~ 1.4V。

6. 噪声容限

TTL 门电路的输出高低电平不是一个值，而是一个范围。同样，它的输入高低电平也有一个范围，即它的输入信号允许一定的容差，称为噪声容限，如图 6-12 所示。

如图 6-13 所示，若前一个门 G_1 输出为低电压，则后一个门 G_2 输入也为低电压。如果由于某种干扰，使 G_2 的输入低电压高于了输出低电压的最大值 $V_{OL(max)}$，从电压传输特性曲线上看，只要这个值不大于 V_{OFF}，G_2 的输出电压仍大于 $V_{OH(min)}$，即逻辑关系仍是正确的。因此在输入低电压时，把关门电压 V_{OFF} 与 $V_{OL(max)}$ 之差称为低电平噪声容限，用 V_{NL} 来表示，即 $V_{NL} = V_{OFF} - V_{OL(max)} = 0.8V - 0.4V = 0.4V$。

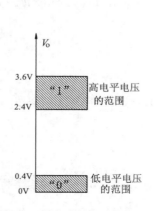

图 6-12　输出高低电平的电压范围

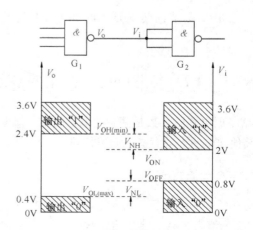

图 6-13　噪声容限图

若前一个门 G_1 输出为高电压，则后一个门 G_2 输入也为高电压。如果由于某种干扰，使 G_2 的输入低电压低于了输出高电压的最小值 $V_{OH(min)}$，从电压传输特性曲线上看，只要这个值不小于 V_{ON}，G_2 的输出电压仍小于 $V_{OL(max)}$，逻辑关系仍是正确的。因此在输入高电压时，把 $V_{OH(min)}$ 与开门电压 V_{ON} 与之差称为高电平噪声容限，用 V_{NH} 来表示，即 $V_{NH} = V_{OH(min)} - V_{ON} = 2.4V - 2.0V = 0.4V$。

噪声容限表示门电路的抗干扰能力。噪声容限越大，电路的抗干扰能力越强。

7. 扇出系数 N_O

在保证电路正常逻辑特性的条件下，一个与非门能够负载同类与非门的最大数目，称为扇出系数，用 N_O 表示。对典型电路而言，$N_O > 8$。

（1）灌电流负载

当驱动门输出低电平时，电流从负载门灌入驱动门，"灌电流"由此得名，如图 6-14 所示。很显然，负载门的个数增加，灌电流增大，会使 VT_3 脱离饱和，输出低电平升高。前面提到过输出低电平不得高于 $V_{OL(max)} = 0.4V$，因此，把输出低电平时允许灌入输出端的电流定义为输出低电平电流 I_{OL}，这是门电路的一个参数，产品规定 $I_{OL} = 16mA$。由此可得出，输出低电平时所能驱动同类门的个数为：$N_{OL} = \dfrac{I_{OL}}{I_{IL}}$，其中 N_{OL} 为输出低电平时的扇出系数。

（2）拉电流负载

当驱动门输出高电平时，电流从驱动门的 VT_4、VD 拉出而流至负载门的输入端，"拉电流"由此得名。由于拉电流是驱动门 VT_4 的发射极电流 I_{E4}，同时又是负载门的输入高电平电流 I_{IH}，如图 6-15 所示。负载门的个数增加，拉电流增大，R_{C4} 上的压降增加。当 I_{E4} 增加到一定的数值时，VT_4 进入饱和，输出高电平降低。前面提到过输出高电平不得低于 $V_{OH(min)} = 2.4V$，因此，把输出高电平时允许拉出输出端的电流定义为输出高电平电流 I_{OH}，这也是门电路的一个参数，产品规定 $I_{OH} = 0.4mA$。由此可得出，输出高电平时所能驱动同类门的个数为：$N_{OH} = \dfrac{I_{OH}}{I_{IH}}$，其中 N_{OH} 称为输出高电平时的扇出系数。

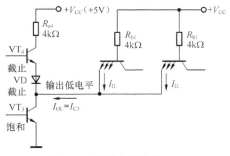

图 6-14　带灌电流负载

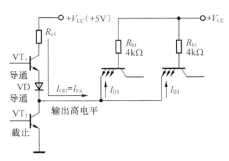

图 6-15　带拉电流负载

一般 $N_{OL} \neq N_{OH}$，常取两者中的较小值作为门电路的扇出系数，用 N_O 表示。

8. 平均传输延迟时间 t_{pd}

t_{pd} 是反应门电路开关速度的重要参数，其定义前面已介绍。t_{pd} 越小，电路开关性能越好。

6.2.4 TTL 门电路集成芯片介绍

TTL 集成门电路除了与非门，还有与门、或门、或非门、异或门、集电极开路门（OC 门）、三态门等，形成了多种系列，可以灵活地构成各种逻辑功能的数字系统。在此将对集成 TTL 门电路系列做一简介。

1. TTL 集成逻辑门电路系列简介

常见的 TTL 集成逻辑门系列有 54 系列和 74 系列，两系列功能相同，但 54 系列的电源电压和环境温度范围较宽，两者数据对比如表 6-2 所示。

表 6-2 74 系列、54 系列数据对比

名　　称	电　源　电　压	环境温度范围
74 系列	5V±5%	0 ～ 70℃
54 系列	5V±10%	- 55 ～ 125℃

① 74/54 系列，又称标准 TTL 系列，属中速 TTL 器件，其平均传输延迟时间约为 10ns，平均功耗约为 10mW/每门。

② 74L/54L 系列，为低功耗 TTL 系列，又称 LTTL 系列。可用增加电阻阻值的方法将电路的平均功耗降低为 1mW/每门，但平均传输延迟时间较长，约为 33ns。

③ 74H/54H 系列，为高速 TTL 系列，又称 HTTL 系列。该系列的平均传输延迟时间为 6ns，平均功耗约为 22mW／每门。与 74 标准系列相比，电路结构上主要作了两点改进：

● 输出级采用了达林顿结构，进一步减小了门电路输出高电平时的输出电阻，提高了带负载能力，加快了对负载电容的充电速度；

● 所有电阻的阻值降低了将近一半，缩短了电路中各节点电位的上升时间和下降时间，加速了三极管的开关过程。

④ 74S/54S 系列，为肖特基 TTL 系列，又称 STTL 系列。图 6-16 所示为 74S00 与非门的电路，与 74 系列与非门相比较，电路特点为：

● 输出级采用了达林顿结构，同样有利于提高速度，也提高了负载能力；

● 采用了抗饱和三极管（肖特基三极管，见图 6-17），提高了工作速度。

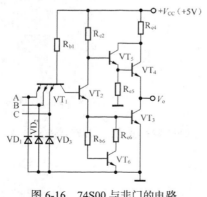

图 6-16 74S00 与非门的电路

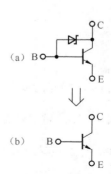

图 6-17 抗饱和三极管

● 用 VT_6、R_{b6}、R_{c6} 组成的"有源泄放电路"代替了 74H 系列中的 R_{e2}，有源泄放回路缩短了门电路的输出延迟时间，还改善了门电路的电压传输特性。

另外，输入端的 3 个二极管 VD_1、VD_2、VD_3 用于抑制输入端出现的负向干扰，起保护作用。由于采取了上述措施，74S 系列的延迟时间缩短为 3ns，但电路的平均功耗较大，约为 19mW。

⑤ 74LS/54LS 系列，为低功耗肖特基系列，又称 LSTTL 系列。电路中采用了抗饱和三极管和专门的肖特基二极管来提高工作速度，同时通过加大电路中电阻的阻值来降低电路的功耗，从而使电路既具有较高的工作速度，又有较低的平均功耗。其平均传输延迟时间为 9ns，平均功耗约为 2mW/每门。

⑥ 74AS/54AS 系列，为先进肖特基系列，又称 ASTTL 系列，是 74S 系列的后继产品，在 74S 的基础上大大降低了电路中的电阻阻值，从而提高了工作速度。其平均传输延迟时间为 1.5ns，但平均功耗较大，约为 20mW/每门。

⑦ 74ALS/54ALS 系列，为先进低功耗肖特基系列，又称 ALSTTL 系列，是 74LS 系列的后继产品，在 74LS 的基础上通过增大电路中的电阻阻值、改进生产工艺和缩小内部器件的尺寸等措施，降低了电路的平均功耗，提高了工作速度。其平均传输延迟时间约为 4ns，平均功耗约为 1mW/每门。

2. TTL 与非门举例——7400

7400 是一种典型的 TTL 与非门器件，内部含有 4 个 2 输入端与非门，共有 14 个引脚，引脚排列图如图 6-18 所示。

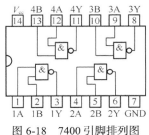

图 6-18　7400 引脚排列图

练习题

（1）什么是 TTL 与非门电路的开门电平和关门电平？

（2）什么是 TTL 与非门的平均传输延迟时间？它由什么因素决定？反映了 TTL 与非门的哪种性能？

6.3　集成 COMS 门电路

MOS 逻辑门电路是继 TTL 之后发展起来的另一种应用广泛的数字集成电路，具有制造工艺简单，没有电荷存储效应，输入阻抗高，功耗低等特点，在大规模和超大规模集成电路领域中占主导地位。就其发展趋势看，在 MOS 电路中特别是 CMOS 电路有可能超越 TTL 成为占统治地位的逻辑器件。

CMOS 集成电路是以增强型 P 沟道 MOS 管、增强型 N 沟道 MOS 管串联互补（反相器）和并联互补（传输门）为基本单元的组件，因此称为互补型 MOS 器件。

6.3.1　CMOS 非门

CMOS 逻辑门电路是由 N 沟道 MOSFET 和 P 沟道 MOSFET 互补而成，通常称为互补型 MOS 逻辑电路，简称 CMOS 逻辑电路。

CMOS 非门电路如图 6-19 所示。要求电源 V_{DD} 大于两管开启电压绝对值之和，即 $V_{DD} >$

（$VT_N + |VT_P|$），且 $VT_N = |VT_P|$。

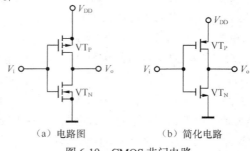

（a）电路图　　　　　（b）简化电路

图 6-19　CMOS 非门电路

1. 逻辑关系

① 当输入为低电平，即 $V_i = 0\,V$ 时，VT_N 截止，VT_P 导通，VT_N 的截止电阻约为 $500\,M\Omega$，VT_P 的导通电阻约为 $750\,\Omega$，所以输出 $V_o \approx V_{DD}$，即 V_o 为高电平。

② 当输入为高电平，即 $V_i = V_{DD}$ 时，VT_N 导通，VT_P 截止，VT_N 的导通电阻约为 $750\,\Omega$，VT_P 的截止电阻约为 $500\,M\Omega$，所以输出 $V_o \approx 0\,V$，即 V_o 为低电平。

综上所述，该电路实现了非逻辑。而且无论电路处于何种状态，VT_N、VT_P 中总有一个截止，所以它的静态功耗极低，有微功耗电路之称。

2. 工作速度

由于 CMOS 非门电路工作时总有一个管子导通，且导通电阻较小，所以当带电容负载时，给电容充电和放电都比较快，如图 6-20 所示。CMOS 非门的平均传输延迟时间约为 10ns。

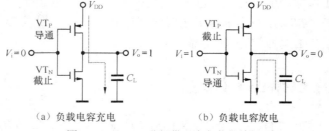

（a）负载电容充电　　　　　（b）负载电容放电

图 6-20　CMOS 非门带电容负载的情况

6.3.2　其他的 CMOS 门电路

下面我们再来认识一下其他的 CMOS 门电路。

1. CMOS 与非门

将两个 CMOS 反相器的负载管并联，驱动管串联，可得到与非门电路，如图 6-21 所示。

2. CMOS 或非门

将两个 CMOS 反相器的驱动管并联，负载管串联，则得到或非门电路，如图 6-22 所示。

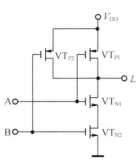

图 6-21　CMOS 与非门电路

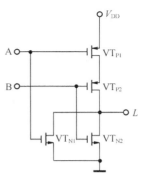

图 6-22　CMOS 或非门电路

3. 带缓冲级的门电路

当输入端数目增加时，对于图 6-21 所示的 CMOS 与非门电路来说，串联的 NMOS 管数目要增加，并联的 PMOS 管数目也要增加，这样会引起输出低电平变高；对于图 6-22 所示的 CMOS 或非门电路来说，并联的 NMOS 管数目要增加，串联的 PMOS 管数目也要增加，这样会引起输出高电平变低。为了稳定输出高低电平，在目前生产的 CMOS 门电路的输入、输出端分别加了反相器作缓冲级，图 6-23 所示为带缓冲级的二输入端与非门电路。图中 VT_1 和 VT_2、VT_3 和 VT_4、VT_9 和 VT_{10} 分别组成 3 个反相器，VT_5、VT_6、VT_7、VT_8 组成或非门，经过逻辑变换，有 $\overline{\overline{\overline{A+B}}} = \overline{A \cdot B}$。

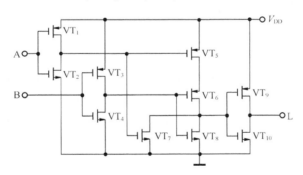

图 6-23　带缓冲级的二输入端与非门电路

6.3.3　CMOS 逻辑门电路的系列

CMOS 集成电路诞生于 20 世纪 60 年代末，通过不断改进制造工艺，从总体上说，其技术参数已经达到或接近 TTL 的水平，其中功耗、噪声容限、扇出系数等参数都优于 TTL。CMOS 集成电路主要有以下几个系列。

1. 基本的 CMOS-4000 系列

这是早期的 CMOS 集成逻辑门产品，工作电源电压范围为 3~18V。具有功耗低、噪声容限大、扇出系数大等优点，缺点是工作速度较低，平均传输延迟时间为几十纳秒，最高工作频率小于 5 MHz。

2. 高速的 CMOS-HC 系列、与 TTL 兼容的高速 CMOS-HCT 系列

为减小影响 MOS 管开关速度的寄生电容，该系列电路主要从制造工艺上做了改进，大大提高了工作速度，使其平均传输延迟时间小于 10 ns，最高工作频率可达 50 MHz。HC 系列的电源电压范围为 2 ~ 6 V。HCT 系列的主要特点是与 TTL 器件电压兼容，电源电压范围为 4.5 ~ 5.5 V，其输入电压参数为 $V_{IH(min)}$=2.0 V，$V_{IL(max)}$=0.8 V，与 TTL 完全相同。另外，74HC/HCT 系列与 74LS 系列的产品，只要最后 3 位数字相同，则两种器件的逻辑功能、外形尺寸，引脚排列顺序也完全相同，这样就为以 CMOS 产品代替 TTL 产品提供了方便。

3. 先进的 CMOS-AC（ACT）系列

该系列的工作频率得到了进一步的提高，同时保持了 CMOS 超低功耗的特点，AC 系列的电源电压范围为 1.5 ~ 5.5 V。其中 ACT 系列与 TTL 器件电压兼容，电源电压范围为 4.5 ~ 5.5 V。AC（ACT）系列的逻辑功能、引脚排列顺序等都与同型号的 HC（HCT）系列完全相同。

6.3.4 集成门电路输入、输出的处理

为了更好地使用集成门电路，我们来学习一下集成门电路输入、输出的处理。

1. TTL 和 CMOS 电路带负载时的接口问题

在工程实践中，常常需要用 TTL 或 CMOS 电路去驱动指示灯、发光二极管 LED、继电器等负载。

对于电流较小、电平能够匹配的负载门电路可以直接驱动。图 6-24（a）所示为用 TTL 门电路驱动发光二极管 LED，这时只要在电路中串接一个几百欧姆的限流电阻即可。图 6-24（b）所示为用 TTL 门电路驱动 5V 低电流继电器，其中二极管 VD 作保护，用于防止过电压。

如果负载电流较大，可将同一芯片上的多个门并联作为驱动器，如图 6-25（a）所示。也可在门电路输出端接三极管，以提高负载能力，如图 6-25（b）所示。

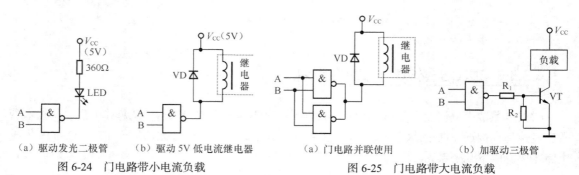

（a）驱动发光二极管　（b）驱动 5V 低电流继电器

图 6-24　门电路带小电流负载

（a）门电路并联使用　（b）加驱动三极管

图 6-25　门电路带大电流负载

2. 多余输入端的处理

在使用集成门电路时，对多余的输入端可按下述几种方法处理。

① 对于与非门及与门，多余输入端应接高电平，比如直接接电源正端，或通过一个上拉电阻

（1 ～ 3kΩ）接电源正端，如图 6-26（a）所示；在前级驱动能力允许时，也可与有用的输入端并联使用，如图 6-26（b）所示。

② 对于或非门及或门，多余输入端应接低电平，比如直接接地，如图 6-27（a）所示；也可以与有用的输入端并联使用，如图 6-27（b）所示。

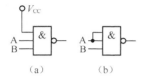

图 6-26　与非门多余输入端的处理

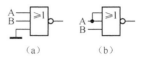

图 6-27　或非门多余输入端的处理

③ MOS 门的输入端不可悬空，只能将其接+V_{CC}。

练习题

总结 TTL 与非门与 COMS 与非门的特点。对多余输入端，TTL 与非门与 COMS 与非门各应怎样处理？

6.4　实验　门电路逻辑功能及测试

1．实验目的

（1）掌握使用双踪示波器测试脉冲波形。
（2）掌握门电路的逻辑功能。
（3）熟悉门电路的输入端负载特性。

2．实验器材

双踪示波器，万用表，器件：74LS20 一块，74LS00 两块。

3．实验原理

（1）TTL 门电路输入负载特性：当输入端与地之间接入电阻 R_i 时，因有输入电流 I_i 流过 R_i，会使 U_{IL} 提高，从而削弱了电路的抗干扰能力。当 R_i 的阻值增大到某一值时，U_i 会变成高电平，使输出逻辑状态发生变化。

CMOS 门电路的输入端几乎不取电流，无论对地加多大的电阻，输入端仍为低电平，输入电平几乎不受输入端电阻的影响，故对于 CMOS 门电路输出端的状态不会改变，这是 CMOS 门电路与 TTL 电路的不同之处。

（2）TTL 电路输入端悬空，相当于逻辑 1。

① 因为 A·1=A，所以对于 TTL 与非门（与门）多余的输入端可以悬空；但悬空易引入干扰，故应接高电平，或与有用的输入端相连（因 A·A=A），绝对不能接低电平。

② 因为 A+1=1，所以对于 TTL 或非门（或门）多余的输入端不允许悬空和接高电平，而应接低电平（因 A+0=A），或与有用的输入端相连（因 A+A=A）。

（3）CMOS 门电路多余的输入端不能悬空，应按逻辑功能的要求接 V_{DD} 或 V_{SS}。

145

4. 实验内容及步骤

（1）测试与非门的逻辑功能（74LS20）

① 按图 6-28 接线。

② 测与非门的逻辑功能，将测试数据填入表 6-3 中，写出函数表达式。

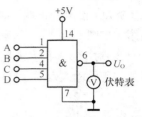

图 6-28　与非门逻辑功能测试

表 6-3　　　　　　　　　　　与非门的逻辑功能表

输入端（逻辑状态）				输 出 端			
				电位（V）		逻辑状态	
A	B	C	D	理论值	实验值	理论值	实验值
1	1	1	1				
0	1	1	1				
0	0	1	1				
0	0	0	1				
0	0	0	0				

（2）观察与非门对脉冲的控制作用

按图 6-29（a）、（b）接线，在 A 端输入 $f=1kHz$ 的固定脉冲，用双踪示波器分别观察输入、输出波形，并记录，写出函数表达式。

（3）测试与非门输入端负载特性（74LS00/CD4011）

① 按图 6-30 接线。

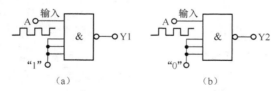

图 6-29　与非门对脉冲的控制作用

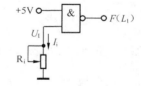

图 6-30　与非门输入端负载特性

② 测 TTL 与非门（74LS00）输入端负载特性。改变电阻 R_i 的值（由小到大），用电压表观测 U_I，用指示灯观察输出逻辑状态的变化，当输出由高电平变为低电平（灯灭）时，测量并记录相应的 U_I 值和电阻 R_i 的值。

③ 测 CMOS 与非门 CD4011 的输入端负载特性。改变电阻 R_i 的值（由小到大），用指示灯测输出端的状态。

5. 注意事项

（1）实验时要正确选择集成电路的型号，芯片的位置别插错

（2）接线时输出端不能直接接电源或地，也不能接开关量输出

（3）实验时不要忘了接电源，不能将芯片的电源端接反

（4）TTL 电路的电源电压为 5(1±0.10)V，千万不能接成 15V

（5）CMOS 电路的电源电压为 3～18V，一般取 10V 左右，CMOS 的噪声容限与 V_{CC} 成正比，干扰大时 V_{CC} 可适当取大些

6. 预习要求

（1）复习用双踪示波器测量脉冲波形的方法
（2）复习与非门相关的基础知识，在表格中填入理论值，画出理论波形
（3）熟悉实验中所用门电路的管脚位置和用途

7. 实验报告

（1）整理实验数据，填写实验表格
（2）回答思考题中提出的问题
（3）总结收获和体会

8. 思考题

试说明在下列情况下，用万用表测量图 6-31 所示 TTL 与非门电路 U_{I2} 端得到的电压值是多少？并用实验验证之。

图 6-31　思考题

（1）U_{I1} 悬空
（2）U_{I1} 接低电平（0.2V）
（3）U_{I1} 接高电平（3.2V）
（4）U_{I1} 经 51Ω 电阻接地
（5）U_{I1} 经 20kΩ 电阻接地

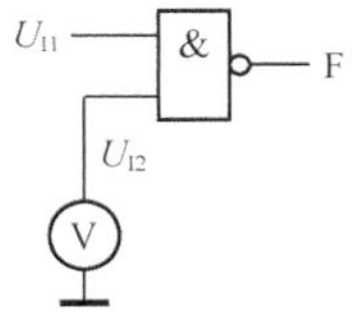

6.5　实训　TTL 与非门参数测试

1. 实训目的

（1）熟悉 TTL 与非门集成电路的外形和管脚引线排列。
（2）掌握 TTL 与非门电路主要参数含义及测试方法。
（3）掌握用示波器观察波形和测量波形幅度和时间的方法。

2. 实训器材

74LS00（若干片），电位器（数值变量较大）（1 个），万用表（1 只），示波器（一台），逻辑实验箱（一台）。

3. 实训内容

（1）测试 TTL 与非门电压传输特性，画出与非门静态电压传输特性曲线
① 选用与非门 74LS00，按图 6-32 接线，U_i 由直流信号源提供 0～5V 可调的直流电压信号（注意：TTL 门电路输入电压值应在 0～5 V）。用万用表分别测量 U_i 与 U_o 的对应值，并将测试结

果填入表 6-4 中。测试过程中在电压传输特性的转折区应多测一些数据。

表 6-4 与非门输入输出电压测试表

U_i（V）	0	0.5	0.8	0.9	1	1.1	1.2	1.3	2	5
U_o（V）										

② 根据表 6-4 所列的数据点，在图 6-33 上画出电压传输特性曲线。

（2）计算噪声容限 V_{NH} 和 V_{NL}

由电压传输特性曲线求得开门电平 V_{ON} 和关门电平 V_{OFF}，则高电平噪声容限 V_{NH}：$V_{NH} = V_{SH} - V_{ON} = 3V - V_{ON}$

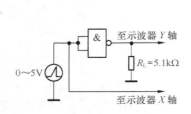

图 6-32 TTL 与非门测试电路

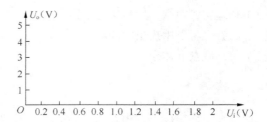

图 6-33 测试电压传输特性曲线

低电平噪声容限 V_{NL}：$V_{NL} = V_{OFF} - V_{SL} = V_{OFF} - 0.3V$

计算电路中的噪声容限 V_{NH} 和 V_{NL} 并记录。$V_{NH}=$＿＿＿＿＿；$V_{NL}=$＿＿＿＿＿。

（3）求扇出系数 N_O

① 测量输入短路电流 I_{IS}。按图 6-34 接线，将被测输入端接地，其余输入端悬空，由被测输入端流出的电流，即 I_{IS}，测量并记录。$I_{IS}=$＿＿＿＿＿。

② 按图 6-35 所示电路测试输出为低电平时的最大允许负载电流 I_{OL}。$I_{OL}=$＿＿＿＿＿。

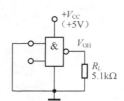

图 6-34 I_{IS} 的测试电路

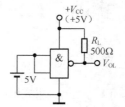

图 6-35 I_{OL} 的测试电路

③ 计算 N_O：

$$N_O = \frac{I_{OL}}{I_{IS}} = \underline{\qquad}。$$

4. 注意事项

（1）接插集成块时，要认清定位标记，不得插反。

（2）TTL 与非门对电源电压的稳定性要求较严，只允许在 +5V 上下 10% 的波动。电源电压超过 +5.5V 时，易使器件损坏；低于 4.5V 时，易导致器件的逻辑功能不正常。电源极性绝对不允许接错。

（3）TTL 与非门不用的输入端允许悬空（但最好接高电平），不能接低电平。

（4）TTL 与非门的输出端不允许直接接电源电压或地，也不能并联使用。

（5）输入端通过电阻接地，电阻值的大小将直接影响电路所处的状态。当 $R \leqslant 680\Omega$ 时，输入端相当于逻辑"0"；当 $R \geqslant 4.7\mathrm{k}\Omega$ 时，输入端相当于逻辑"1"。对于不同系列的器件要求的阻值不同。

5．思考题

（1）与非门不用的输入端应如何处理？为什么？

（2）查阅有关资料，对 TTL 器件和 CMOS 器件的性能作一比较。

6.6　本章小结

（1）在数字电路中，半导体二极管、三极管一般都工作在开关状态，即工作于导通（饱和）和截止两个对立的状态，可用逻辑 1 和逻辑 0 来表示。影响其开关特性的主要因素是管子内部电荷存储和消散的时间。

（2）二极管、三极管组成的分立元件门电路：与门、或门和非门电路，是最简单的门电路，它们是集成逻辑门电路的基础。

（3）目前普遍使用的数字集成电路主要有两大类，一类由 NPN 型三极管组成，简称 TTL 集成电路；另一类由 MOSFET 构成，简称 MOS 集成电路。

（4）TTL 集成逻辑门电路的输入级采用多发射极三级管、输出级采用达林顿结构，这不仅提高了门电路的开关速度，也使电路有较强的驱动负载的能力。

（5）由增强型 N 沟道和 P 沟道 MOSFET 互补构成的 CMOS 门电路，与 TTL 门电路相比，其优点是功耗低，扇出系数大（指带同类门负载），噪声容限大，开关速度与 TTL 接近，已成为数字集成电路的发展方向。

（6）为了更好地使用数字集成芯片，应熟悉 TTL 和 CMOS 各个系列产品的外部电气特性及主要参数，还应能正确处理多余输入端，能正确解决不同类型电路间的接口问题及抗干扰问题。

6.7　习题

1．二极管门电路和输入波形如图 6-36 所示，画出输出端 F_1 和 F_2 的波形。设二极管是理想的。

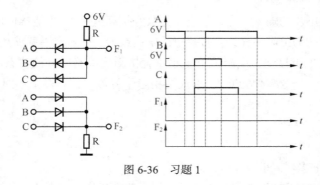

图 6-36　习题 1

2. 试用与非门、或非门、与或非门和异或门实现非门功能，画出逻辑电路。

第7章

组合逻辑电路

在数字系统中，按照结构和逻辑功能的不同将数字逻辑电路分为两大类，一类称作组合逻辑电路，另一类称作时序逻辑电路。

组合逻辑电路的特点是：单纯由各类逻辑门组成，逻辑电路中不含存储元件，逻辑电路的输入和输出之间没有反馈通路。因此，组合逻辑电路的输出仅由当前输入决定，而与电路原来所处的状态无关。

本章学习目标

- 掌握组合逻辑电路的分析方法；
- 掌握组合逻辑电路的简单设计方法；
- 掌握编码器、译码器的功能及应用。

7.1 组合逻辑电路的分析

组合逻辑电路的分析，就是根据给定的逻辑电路图，求出电路的逻辑功能。

7.1.1 组合逻辑电路功能的描述

组合逻辑电路的输出仅取决于该时刻输入信号状态的组合，而与电路原来的状态无关，其输入输出框图如图 7-1 所示。

描述组合逻辑函数的逻辑功能，可以采用逻辑图、逻辑表达式、真值表等方法。组合逻辑电路的输出与输入间的逻辑关系可以用一组逻辑函数来表示。

$$\begin{cases} y_1 = f_1(a_1, a_2, \cdots, a_n) \\ y_2 = f_2(a_1, a_2, \cdots, a_n) \\ \quad\vdots \\ y_n = f_n(a_1, a_2, \cdots, a_n) \end{cases}$$

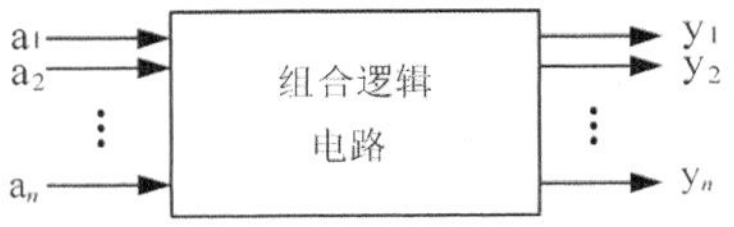

图 7-1 组合逻辑电路输入输出框图

7.1.2 组合逻辑电路的分析方法

组合逻辑电路分析就是找出输入与输出的逻辑关系。其目的是弄清电路的逻辑功能，或为了对逻辑电路进行改进、变换，或为评定电路的性能等。

对于任何一个组合逻辑电路，分析的基本步骤如下：

- 由给定的逻辑电路从输入端开始逐级推导出表示输入输出关系的逻辑表达式；
- 化简和变换逻辑表达式；
- 根据化简和变换后的表达式，列出真值表；
- 由真值表分析其实现的逻辑功能并用文字描述；
- 评价原设计电路，改进设计，得到最佳方案。

组合逻辑电路的分析步骤如图 7-2 所示。

图 7-2　组合逻辑电路分析步骤

上述分析步骤是通用的，而实际在分析中可能有所不同。如有些组合逻辑电路，化简或变换后的逻辑表达式非常简单，能够直接看出其所实现的逻辑功能；若化简或变换后的逻辑表达式仍然比较复杂，特别是有多个输出时，则需要通过真值表进行逻辑功能的分析、判断。

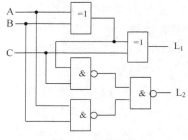

图 7-3　逻辑电路

【例 7-1】　分析如图 7-3 所示逻辑电路的功能。

解：

（1）根据电路写出逻辑表达式：

$$L_1 = \overline{A}\overline{B}C + \overline{A}B\overline{C} + A\overline{B}\overline{C} + ABC = \overline{A}(\overline{B}C + B\overline{C}) + A(BC + \overline{B}\overline{C})$$
$$= \overline{A}(B \oplus C) + A\overline{(B \oplus C)} = A \oplus (B \oplus C)$$
$$L_2 = \overline{\overline{A(B \oplus C)} \cdot \overline{BC}} = A(B \oplus C) + BC = A(\overline{B}C + B\overline{C}) + BC$$
$$= \overline{A}BC + A\overline{B}C + AB\overline{C} + ABC$$

（2）列出真值表如表 7-1 所示。

表 7–1　　　　　　　　　　　　　　　　真值表

A	B	C	L_1	L_2
0	0	0	0	0
0	0	1	1	0
0	1	0	1	0
0	1	1	0	1
1	0	0	1	0
1	0	1	0	1
1	1	0	0	1
1	1	1	1	1

（3）逻辑功能分析。

从真值表可以看到，L_1 为 A、B、C 3 个数相加的和，L_2 为进位。所以此电路实现了考虑低位进位的一位二进制数的加法功能，这种电路被称为全加器。

练习题

（1）组合逻辑电路分析的目的是什么？

（2）简述组合逻辑电路分析步骤，在分析过程中有哪些应注意的地方？

7.2 组合逻辑电路的设计方法

组合逻辑电路的设计，就是根据给定的设计要求，设计出最佳（或最简）的组合电路。

组合逻辑电路有两种情况，一种是以小规模集成电路（SSI）即逻辑门来实现所需的逻辑功能，要求所用门的数目最少，而且各门输入端的数目和电路的级数也最少。另一种是采用中规模集成电路（MSI）如常用集成组件编码器、译码器、数据选择器、数据分配器等来实现所需逻辑功能。本节将介绍采用 SSI 逻辑门的设计方法，MSI 集成组件将在后续章节讲述。

组合逻辑电路的设计方法，一般可按如下步骤进行。

● 对给出的逻辑设计问题，进行逻辑抽象，即从逻辑的角度来描述设计问题的因果关系，再根据因果关系确定输入变量和输出变量，依据变量的状态进行逻辑赋值，确定哪种状态用逻辑"0"表示，哪种状态用逻辑"1"表示。

● 根据设计问题的逻辑抽象，列出逻辑真值表。

● 根据真值表，写出设计问题的逻辑函数表达式。

● 用 SSI 逻辑门实现组合逻辑设计时，化简逻辑函数表达式，得到最简的逻辑函数表达式；用 MSI 集成组件实现组合逻辑设计时，应该把逻辑函数表达式变换成与所用器件的逻辑函数式相同或类似的适当形式。

● 按最简或适当形式的逻辑函数表达式画出逻辑电路图。

● 判别和消除竞争冒险现象。

组合逻辑电路的设计步骤如图 7-4 所示。

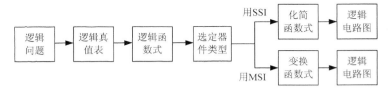

图 7-4　组合逻辑电路的设计步骤

　　逻辑函数经过化简，其表达式可能具有多样性，并且有时根据电路性能的要求，必须使用一定类型的逻辑门实现，这样最简函数表达式还要经过一定变换，因此实现某一功能的逻辑电路是具有多样性的。

【例 7-2】　设计一个 3 人表决电路，结果按"少数服从多数"的原则决定。

解：

（1）逻辑问题分析。

设 3 人的意见为变量 A、B、C，表决结果为函数 L。对变量及函数进行如下状态赋值：对于变量 A、B、C，设同意为逻辑 1，不同意为逻辑 0。对于函数 L，设事情通过为逻辑 1，没通过为逻辑 0。

（2）列出真值表，如表 7-2 所示。

（3）由真值表写出逻辑表达式并化简：

$$L = \overline{A}BC + A\overline{B}C + AB\overline{C} + ABC = AB + BC + AC$$

表 7-2　　　　　　　　　　　　　　　　　　真值表

A	B	C	L
0	0	0	0
0	0	1	0
0	1	0	0
0	1	1	1
1	0	0	0
1	0	1	1
1	1	0	1
1	1	1	1

（4）画出逻辑电路如图 7-5 所示。

如果要求用与非门实现该逻辑电路，就应将表达式进行一定变换：

$$L = AB + BC + AC = \overline{\overline{AB + BC + AC}} = \overline{\overline{AB} \cdot \overline{BC} \cdot \overline{AC}}$$

则相应逻辑电路如图 7-6 所示。

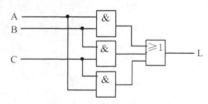
图 7-5　与或门实现的逻辑电路

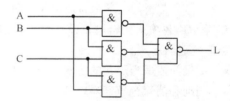
图 7-6　与非门实现的逻辑电路

练习题

（1）组合逻辑设计的难点是什么？

（2）怎样才能使所设计的逻辑电路简单、可靠？

7.3　组合逻辑电路的竞争冒险

前面分析设计组合逻辑电路时，均是在信号稳态情况下讨论的，实际电路工作时，信号经常变化且需要时间，门电路对信号也产生一定的延时，这样就产生了竞争冒险。

7.3.1　产生竞争冒险的原因

为了保证电路可靠工作，必须消除竞争冒险，消除的前提就是要分析产生竞争冒险的原因。

1. 组合逻辑电路的竞争冒险现象

信号经过不同路径达到同一点的时间有先有后，称为竞争，大多数组合电路都存在这种现象。当电路的某个输入量发生变化，在输出端出现了按电路逻辑功能不应有的尖脉冲，这种现象称为冒险现象。

我们知道，半导体器件的开通和关断都有延迟时间，因此组合逻辑门电路在工作时，也是有延迟时间的。由于各个门的延迟时间不同，如两个信号到达下一级门电路输入端的时间不同，当组合逻辑电路中存在由反相器产生的互补信号，状态发生变化时，组合逻辑电路有可能产生瞬间的错误输出。这一现象称为竞争冒险。

2. 产生竞争冒险的原因

如图 7-7（a）所示的电路中，逻辑表达式为 $L = A\overline{A}$，理想情况下，输出应恒等于 0。但是由于 G_1 门的延迟时间 t_{pd}，$\overline{A}$ 下降沿到达 G_2 门的时间比 A 信号上升沿晚 t_{pd}，因此，使 G_2 输出端出现了一个正向窄脉冲，如图 7-7（b）所示，通常称之为"1 冒险"。

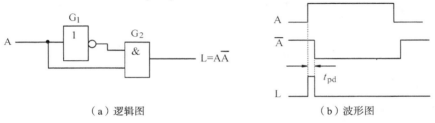

（a）逻辑图　　　　　　　　　　　　　　（b）波形图

图 7-7　产生 1 冒险

同理，如图 7-8（a）所示的电路中，由于 G_1 门的延迟时间 t_{pd}，会使 G_2 输出端出现了一个负向窄脉冲，如图 7-8（b）所示，通常称之为"0 冒险"。

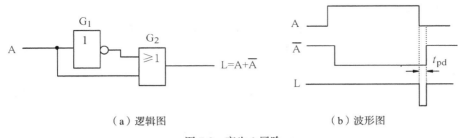

（a）逻辑图　　　　　　　　　　　　　　（b）波形图

图 7-8　产生 0 冒险

3. 冒险现象的识别

可采用代数法来判断一个组合电路是否存在冒险，方法为：

写出组合逻辑电路的逻辑表达式，当某些逻辑变量取特定值（0 或 1）时，如果表达式能转换为：$L = A\overline{A}$，则存在 1 冒险；如果 $L = A + \overline{A}$，则存在 0 冒险。

【例 7-3】　分析逻辑表达式 $L = A\overline{C} + BC$ 的竞争冒险。

解：若输入变量 A=B=1，则有 $L = C + \overline{C}$。因此，该电路存在 0 冒险。下面画出 A=B=1 时 L 的波形。在稳态下，无论 C 取何值，L 恒为 1，但当 C 变化时，由于信号的各传输路径的延时不同，将会出现如图 7-9 所示的负向窄脉冲，即 0 冒险。

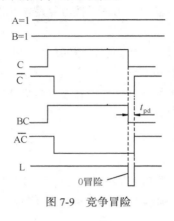

图 7-9　竞争冒险

7.3.2　消除竞争冒险的方法

当组合逻辑电路存在冒险现象时，可以从两方面入手来消除。

1. 修改硬件电路

（1）接入输出滤波电容

由于竞争冒险产生的干扰脉冲的宽度一般都很窄，在可能产生冒险的门电路输出端并接一个滤波电容（一般为 4～20pF），利用电容两端的电压不能突变的特性，使输出波形上升沿和下降沿都变的比较缓慢，从而起到消除冒险现象的作用。

这种方法简单易行，但会破坏输出波形，且会引入附加延时。

（2）增加选通信号

在电路中增加一个选通脉冲，接到可能产生冒险的门电路的输入端。当输入信号转换完成，进入稳态后，才引入选通脉冲，将门打开。这样，输出就不会出现冒险脉冲。

注意以下问题：

- 如输出门为与门、与非门，则选通脉冲要用正脉冲；如输出门为或门、或非门，则选通脉冲要用负脉冲；
- 加选通脉冲后，电路的输出将不是电平信号，而是脉冲信号；
- 电路对选通脉冲的宽度和产生时间有严格的要求。

2. 修改逻辑设计

（1）加冗余项

前面已分析 $L = A\overline{C} + BC$ 中存在冒险现象。如在逻辑表达式中增加乘积项 AB，使其变为 $L = A\overline{C} + BC + AB$，则在原来产生冒险的条件 A=B=1 时，L=1，不会产生冒险。函数增加了乘积项 AB 后，已不是"最简"，故这种乘积项称冗余项。

（2）变换逻辑式，消去互补变量

$L = (A + B)(\overline{B} + C)$ 存在冒险现象。如将其变换为 $L = A\overline{B} + AC + BC$，则在原来产生冒险的条件 $A = C = 0$ 时，$L = 0$，不会产生冒险。

练习题

判断逻辑函数 $L = (A + B)(\overline{B} + C)$ 是否存在冒险。

7.4 编码器与译码器

随着微电子技术的发展，一些数字系统中经常使用组合逻辑电路，如编码器、译码器、数据选择器、数值比较器、加法器、函数发生器、奇偶校验器等，已有中、小规模的标准化集成产品，不需要我们用门电路设计，并且利用这些 MSI 可以实现其他功能的逻辑函数。

7.4.1 编码器

编码是将字母、数字、符号等信息编成一组二进制代码。编码器的功能是将输入信号转换成一定的二进制代码，即实现用二进制代码表示相应的输入信号。

常用的编码器有普通编码器和优先编码器两类。

1. 二进制编码器

二进制编码器的逻辑功能是将 2^n 个输入信号，编成 n 位二进制代码输出。

3 位二进制编码器有 8 个输入端 3 个输出端，所以常称为 8 线—3 线编码器，其功能真值表如表 7-3 所示，输入为高电平有效。

表 7-3 编码器功能真值表

输 入									输 出		
I_0	I_1	I_2	I_3	I_4	I_5	I_6	I_7		A_2	A_1	A_0
1	0	0	0	0	0	0	0		0	0	0
0	1	0	0	0	0	0	0		0	0	1
0	0	1	0	0	0	0	0		0	1	0
0	0	0	1	0	0	0	0		0	1	1
0	0	0	0	1	0	0	0		1	0	0
0	0	0	0	0	1	0	0		1	0	1
0	0	0	0	0	0	1	0		1	1	0
0	0	0	0	0	0	0	1		1	1	1

由真值表写出各输出的逻辑表达式为

$$A_2 = \overline{\overline{I_4 I_5 I_6 I_7}} \ ; \quad A_1 = \overline{\overline{I_2 I_3 I_6 I_7}} \ ; \quad A_0 = \overline{\overline{I_1 I_3 I_5 I_7}}$$

用门电路实现逻辑电路如图 7-10 所示。

2. 优先编码器

普通编码器在任一时刻，只允许在一个输入端加入有效电平，当有两个以上输入端加入有效电平时，编码器的输出状态将是混乱的。优先编码器允许同时输入两个以上的编码信号，给所有的输入信号规定了优先顺序，当多个输入信号同时出现时，只对其中优先级最高的一个进行编码。

74148 是一种常用的 8 线—3 线优先编码器，其引脚图如图 7-11 所示。其真值表如表 7-4 所示，其中 $I_0 \sim I_7$ 为编码输入端，低电平有效。$A_0 \sim A_2$ 为编码输出端，也为低电平有效，即反码输出。其他引脚的功能是：

- EI 为使能输入端，低电平有效；
- 优先顺序为 $I_7 \rightarrow I_0$，即 I_7 的优先级最高，然后是 I_6，I_5，$\cdots$，I_0；
- GS 为编码器的工作标志，低电平有效；
- EO 为使能输出端，高电平有效。

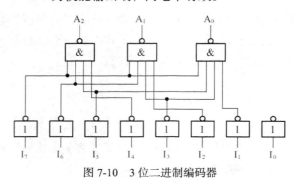

图 7-10　3 位二进制编码器

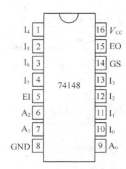

图 7-11　74148 的引脚图

表 7-4　　　　　　　　　　74148 优先编码器真值表

输　入									输　出				
EI	I_0	I_1	I_2	I_3	I_4	I_5	I_6	I_7	A_2	A_1	A_0	GS	EO
1	×	×	×	×	×	×	×	×	1	1	1	1	1
0	1	1	1	1	1	1	1	1	1	1	1	1	0
0	×	×	×	×	×	×	×	0	0	0	0	0	1
0	×	×	×	×	×	×	0	1	0	0	1	0	1
0	×	×	×	×	×	0	1	1	0	1	0	0	1
0	×	×	×	×	0	1	1	1	0	1	1	0	1
0	×	×	×	0	1	1	1	1	1	0	0	0	1
0	×	×	0	1	1	1	1	1	1	0	1	0	1
0	×	0	1	1	1	1	1	1	1	1	0	0	1
0	0	1	1	1	1	1	1	1	1	1	1	0	1

其逻辑电路图如图 7-12 所示。

3. 编码器的扩展

集成编码器的输入输出端的数目都是一定的，利用编码器的输入使能端 EI、输出使能端 EO 和优先编码工作标志 GS，可以扩展编码器的输入输出端。

图 7-13 所示为用两片 74148 优先编码器串行扩展实现的 16 线—4 线优先编码器。它共有 16 个编码输入端，用 $X_0 \sim X_{15}$ 表示；有 4 个编码输出端，用 $Y_0 \sim Y_3$ 表示。片 1 为低位片，其输入端 $I_0 \sim I_7$ 作为总输入端 $X_0 \sim X_7$；片 2 为高位片，其输入端 $I_0 \sim I_7$ 作为总输入端 $X_8 \sim X_{15}$。两片的输出

端 A_0、A_1、A_2 分别相与，作为总输出端 Y_0、Y_1、Y_2，片 2 的 GS 端作为总输出端 Y_3。片 1 的输出使能端 EO 作为电路总的输出使能端；片 2 的输入使能端 EI 作为电路总的输入使能端，在本电路中接 0，处于允许编码状态。片 2 的输出使能端 EO 接片 1 的输入使能端 EI，控制片 1 工作。两片的工作标志 GS 相与，作为总的工作标志 GS 端。

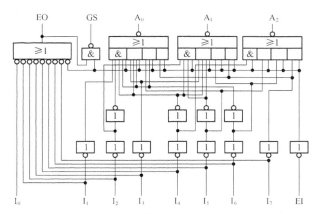

图 7-12　74148 优先编码器逻辑电路图

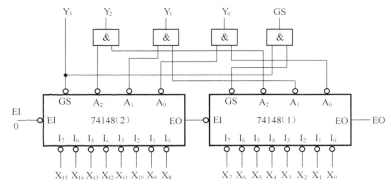

图 7-13　串行扩展实现的 16 线-4 线优先编码器

电路的工作原理为：当片 2 的输入端没有信号输入，即 $X_8 \sim X_{15}$ 全为 1 时，$GS_2=1$（即 $Y_3=1$），$EO_2=0$（即 $EI_1=0$），片 1 处于允许编码状态。设此时 $X_5=0$，则片 1 的输出为 $A_2A_1A_0=010$，由于片 2 输出 $A_2A_1A_0=111$，所以总输出 $Y_3Y_2Y_1Y_0=1010$。

当片 2 有信号输入时，$EO_2=1$（即 $EI_1=1$），片 1 处于禁止编码状态。设此时 $X_{12}=0$（即片 2 的 $I_4=0$），则片 2 的输出为 $A_2A_1A_0=011$，且 $GS_2=0$。由于片 1 输出 $A_2A_1A_0=111$，所以总输出 $Y_3Y_2Y_1Y_0=0011$。

练习题

若欲对 11 个信号进行二进制编码，需要使用几位二进制代码？

7.4.2　译码器

译码是编码的逆过程，其逻辑功能是将每一组代码的含义"翻译"出来，即将每一组代码译为一个特定的输出信号，表示它原来所代表的信息。能完成译码功能的逻辑电路称为译码器。

1. 二进制译码器

（1）译码器原理

假设译码器有 n 个输入信号和 N 个输出信号，如果 $N=2^n$，就称为全译码器，常见的全译码器有 2 线—4 线译码器、3 线—8 线译码器、4 线—16 线译码器等。如果 $N < 2^n$，称为部分译码器，如二—十进制译码器（也称作 4 线—10 线译码器）等。

下面以 2 线—4 线译码器为例说明译码器的工作原理和电路结构，其功能表如表 7-5 所示。

表 7-5　　　　　　　　　　　　　　　　2 线—4 线译码器功能表

输　入			输　出			
EI	A	B	Y_0	Y_1	Y_2	Y_3
1	×	×	1	1	1	1
0	0	0	0	1	1	1
0	0	1	1	0	1	1
0	1	0	1	1	0	1
0	1	1	1	1	1	0

由表 7-5 可写出各输出函数表达式：

$$Y_0 = \overline{\overline{EI}\,\overline{A}\,\overline{B}} \qquad Y_1 = \overline{\overline{EI}\,\overline{A}B} \qquad Y_2 = \overline{\overline{EI}A\overline{B}} \qquad Y_3 = \overline{\overline{EI}AB}$$

可用门电路实现 2 线—4 线译码器，逻辑图如图 7-14 所示。

（2）集成译码器—二进制译码器 74138

74138 是一种典型的二进制译码器，其引脚图如图 7-15 所示，逻辑图如图 7-16 所示。

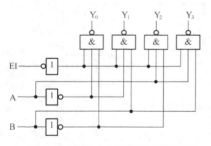

图 7-14　2 线—4 线译码器逻辑图

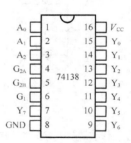

图 7-15　74138 引脚图

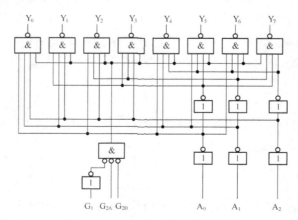

图 7-16　74138 集成译码器逻辑图

它有 3 个输入端 A_2、A_1、A_0，8 个输出端 $Y_0 \sim Y_7$，所以常称为 3 线—8 线译码器，属于全译码器。输出为低电平有效，G_1、G_{2A} 和 G_{2B} 为使能输入端。74138 译码器的功能表如表 7-6 所示。

表 7-6　　　　　　　　　　　3 线—8 线译码器 74138 的功能表

输　　　入			输　　　入			输　　　出							
G_1	G_{2A}	G_{2B}	A_2	A_1	A_0	Y_0	Y_1	Y_2	Y_3	Y_4	Y_5	Y_6	Y_7
×	1	×	×	×	×	1	1	1	1	1	1	1	1
×	×	1	×	×	×	1	1	1	1	1	1	1	1
0	×	×	×	×	×	1	1	1	1	1	1	1	1
1	0	0	0	0	0	0	1	1	1	1	1	1	1
1	0	0	0	0	1	1	0	1	1	1	1	1	1
1	0	0	0	1	0	1	1	0	1	1	1	1	1
1	0	0	0	1	1	1	1	1	0	1	1	1	1
1	0	0	1	0	0	1	1	1	1	0	1	1	1
1	0	0	1	0	1	1	1	1	1	1	0	1	1
1	0	0	1	1	0	1	1	1	1	1	1	0	1
1	0	0	1	1	1	1	1	1	1	1	1	1	0

2. 译码器的扩展

利用译码器的使能端可以方便地扩展译码器的容量，图 7-17 所示是将两片 74138 扩展为 4 线—16 线译码器。其工作原理为：当 $E=1$ 时，两个译码器都禁止工作，输出全 1；当 $E=0$ 时，译码器工作。这时，如果 $A_3=0$，高位片禁止，低位片工作，输出 $Y_0 \sim Y_7$ 由输入二进制代码 $A_2A_1A_0$ 决定；如果 $A_3=1$，低位片禁止，高位片工作，输出 $Y_8 \sim Y_{15}$ 由输入二进制代码 $A_2A_1A_0$ 决定。从而实现了 4 线—16 线译码器功能。

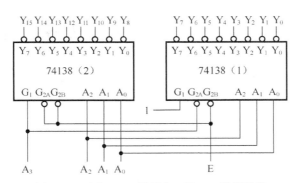

图 7-17　两片 74138 扩展为 4 线—16 线译码器

练习题

若二进制译码器输入 8 位二进制代码，译码器最多能译出多少种状态？

3. 显示译码器

在数字系统中，常常需要将某些数字或运算的结果显示出来。这些数字量要先经过译码，才能送到数字显示器去显示。这种能把数字量翻译成数字显示器所能识别的信号的译码器称为数字显示译码器。数字显示译码器通常由译码器、驱动电路和显示器 3 部分组成。

常见的数码显示器（数码管）显示方式有：字形重叠式（如辉光放电管）、分段式（如荧光数码管、LED 七段数码管、液晶数码管等）、点阵式（如大屏幕显示）等。

（1）七段数字显示器原理

七段数字显示器就是将 7 个发光二极管（加小数点为 8 个）按一定的方式排列起来，七段 a、b、c、d、e、f、g（小数点 DP）各对应一个发光二极管，利用不同发光段的组合，显示不同的阿拉伯数字，如图 7-18 所示。

按内部连接方式不同，七段数字显示器的内部接法分为共阴极接法和共阳极接法两种，如图 7-19 所示。

七段数字显示器的优点是工作电压较低（1.5~3V）、体积小、寿命长、亮度高、响应速度快、工作可靠性高等。缺点是工作电流大，每个字段的工作电流约为 10mA 左右。

（a）显示器　　　　　　　　　　　（b）段组合图

图 7-18　七段数字显示器及发光段组合图

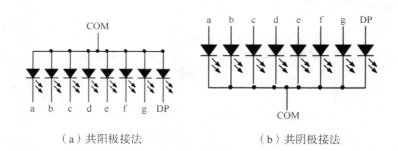

（a）共阳极接法　　　　　　　　　（b）共阴极接法

图 7-19　七段数字显示器的内部接法

（2）七段显示译码器 7448

七段显示译码器 7448 是一种与共阴极数字显示器配合使用的集成译码器，它的功能是将输入的 4 位二进制代码转换成显示器所需要的 7 个段信号 a~g，其引脚图如图 7-20 所示。

7448 的逻辑功能表如表 7-7 所示。a~g 为译码输出端。另外有 3 个控制端：试灯输入端 LT、灭零输入端 RBI、特殊控制端 BI/RBO。

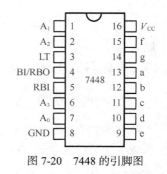

图 7-20　7448 的引脚图

表 7–7　　　　　　　　　　　　　　七段显示译码器 7448 的逻辑功能表

功能（输入）	输入		输入/输出	输出	显示字形
	LT RBI	A_3 A_2 A_1 A_0	BI/RBO	a b c d e f g	
0	1 1	0 0 0 0	1	1 1 1 1 1 1 0	░
1	1 ×	0 0 0 1	1	0 1 1 0 0 0 0	░
2	1 ×	0 0 1 0	1	1 1 0 1 1 0 1	░
3	1 ×	0 0 1 1	1	1 1 1 1 0 0 1	░
4	1 ×	0 1 0 0	1	0 1 1 0 0 1 1	░
5	1 ×	0 1 0 1	1	1 0 1 1 0 1 1	░
6	1 ×	0 1 1 0	1	0 0 1 1 1 1 1	░
7	1 ×	0 1 1 1	1	1 1 1 0 0 0 0	░
8	1 ×	1 0 0 0	1	1 1 1 1 1 1 1	░
9	1 ×	1 0 0 1	1	1 1 1 0 0 1 1	░
10	1 ×	1 0 1 0	1	0 0 0 1 1 0 1	░
11	1 ×	1 0 1 1	1	0 0 1 1 0 0 1	░
12	1 ×	1 1 0 0	1	0 1 0 0 0 1 1	░
13	1 ×	1 1 0 1	1	1 0 0 1 0 1 1	░
14	1 ×	1 1 1 0	1	0 0 0 1 1 1 1	░
15	1 ×	1 1 1 1	1	0 0 0 0 0 0 0	
灭灯	× ×	× × × ×	0	0 0 0 0 0 0 0	
灭零	1 0	0 0 0 0	0	0 0 0 0 0 0 0	
试灯	0 ×	× × × ×	1	1 1 1 1 1 1 1	

用 7448 可直接驱动共阴极的半导体数码管或荧光数码管，所组成的译码显示电路如图 7-21 所示。

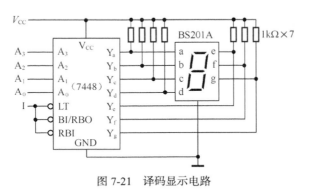

图 7-21　译码显示电路

7.5　实验　组合逻辑电路功能测试

1. 实验目的

（1）掌握二进制译码器和七段显示译码器的逻辑功能。

（2）了解各种译码器之间的差异，能正确选择译码器。

2. 实验器材

数字逻辑实验箱，示波器，74LS138，74LS20，导线若干。

3. 实验内容及步骤

（1）74LS138 功能测试。

将 74LS138 输出 $Y_7 \sim Y_0$ 接 LED0/1 指示器，地址 $A_2A_1A_0$ 输入接 0/1 开关变量，使能端接固定电平（V_{CC} 或地）。

$G_1G_{2A}G_{2B} \neq 100$ 时，任意扳动 0/1 开关，观察 LED 显示状态，记录之。

$G_1G_{2A}G_{2B}=100$ 时，按二进制顺序扳动 0/1 开关，观察 LED 显示状态，并与功能表对照，记录之。

（2）按图 7-22 连接电路，测试电路逻辑功能，列出逻辑函数 F 的真值表。

（3）按图 7-23 连接电路，使能端 G_1 接方波输入数据，频率以眼睛分辨得出的 LED 闪动为准。改变地址开关量，观察 LED 闪动位置变化情况。方波输入和输出 F 接双踪示波器，调节方波频率使示波器稳定显示，比较输入输出波形。G_1 接高电平，方波输入数据接到 G_{2A}（或 G_{2B}）另一低电平有效的使能端接地，用示波器比较输入数据和输出数据的相位关系，并与前一接法进行比较。

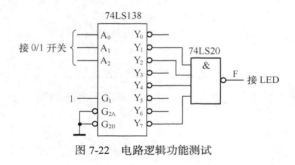

图 7-22　电路逻辑功能测试

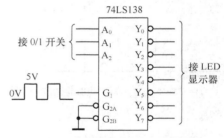

图 7-23　接方波的电路逻辑功能测试

4. 预习要求

预习教材相关章节内容。

5. 实验报告

（1）74LS138 功能验证结论。
（2）逻辑函数 F 的真值表和相关结论。

7.6　实训 1　三变量组合逻辑电路设计

1. 实训目的

（1）能用指定芯片完成组合逻辑电路的设计。
（2）用实验验证所设计的逻辑电路的逻辑功能。
（3）熟悉并正确使用各种集成门电路。

2.　设计要求

（1）根据题意列出输入、输出真值表。

（2）对函数表达式进行化简和变换。

（3）利用指定门电路（如 74LS20 等）实现逻辑功能。

3.　实训器材

数字逻辑实验箱，74LS00，74LS20，导线若干。

4.　实训内容及步骤

（1）用 74LS20 设计一表决逻辑电路，设有 3 个输入变量 A、B、C，当输入变量中有两个或 3 个全为高电平"1"时，输出 Y 为"1"。要求：画出接线图。

（2）静态测试。按接线图连接电路，变量 A、B、C 用 0/1 开关信号，Y 接 LED0/1 显示器。改变开关量组合，测试电路的逻辑功能是否与设计功能一致。

（3）动态测试。变量 A、B、C 用实验系统中两两分频的序列信号作为输入信号，Y 接双踪示波器一个垂直通道，A、B、C 之一接另一个垂直通道，观察并记录输入输出波形。

5.　预习要求

（1）查阅资料，复习 74LS00 和 74LS20 的功能、管脚。

（2）设计电路，画出逻辑电路图。

6.　实训报告

（1）电路逻辑功能结论。

（2）组合逻辑电路设计心得。

7.7　实训 2　译码显示电路设计

1.　实训目的

（1）了解编码器、译码显示的原理。

（2）学会使用编码器 74LS48 及七段字形译码器 74LS49 组成编码—译码显示系统。

2.　设计要求

设计一个电路，将 4 位二进制数码转换成两位 8421BCD 码，并用两个七段数码管显示这两位 BCD 码。

（1）根据任务要求写出设计步骤，选定器件。

（2）根据所选器件画出电路图。

（3）写出实验步骤和测试方法，设计实验记录表格。

（4）进行安装、调试及测试，排除实验过程中的故障。

（5）分析、总结实验结果。

3. 实训内容

（1）利用所给器件，实现图 7-24 所示的编码—译码显示系统（对数字逻辑箱有可编程逻辑器件，其功能与 74LS49 相同，故可用它替代 74LS49）。

（2）编制实验表格，按不同输入组合情况，观测编码器的编码输出。

（3）讨论并说明编码输入与输出的关系及优先级别关系。

4. 预习要求

（1）复习有关章节内容，了解 74LS48、74LS49 及 74LS138 的功能及使用方法。

（2）掌握编码、译码显示系统的组成原理。

（3）按设计任务要求，画出电路连接图，设计相应的实验步骤及实验表格。

图 7-24　编码—译码显示系统

5. 思考题

（1）可否用 LED 数码管各段输入端接高电平的方法来检查该数码管的好坏？为什么？

（2）如何用 74LS49（74LS48）去驱动共阳极 LED 数码管？

7.8　本章小结

（1）组合逻辑电路的特点是，电路在任一时刻的输出状态只取决于该时刻各输入状态的组合，而与电路的原状态无关。组合电路由门电路组合而成，电路中没有记忆单元，没有反馈通路。

（2）组合逻辑电路的分析步骤为：写出各输出端的逻辑表达式→化简和变换逻辑表达式→列出真值表→确定功能。

（3）组合逻辑电路的设计步骤为：根据设计要求列出真值表→写出逻辑表达式→逻辑化简和变换→画出逻辑图。

（4）组合逻辑电路中存在竞争冒险现象，会出现不希望的逻辑结果。可以从修改硬件电路和修改逻辑设计两方面进行消除。

（5）常用的中规模组合逻辑器件包括编码器、译码器。为了增加使用的灵活性和便于功能扩展，在多数中规模组合逻辑器件中都设置了输入、输出使能端或输入、输出扩展端。它们既可控制器件的工作状态，又便于构成较复杂的逻辑系统。

7.9 习题

1. 组合逻辑电路的特点是_____。
2. 常用的组合逻辑电路有 _____、_____、_____、_____。
3. 2 线—4 线译码器有（　　　）。

  A. 2 条输入线，4 条输出线　 B. 4 条输入线，2 条输出线

  C. 4 条输入线，8 条输出线　 D. 8 条输入线，2 条输出线

4. 试分析图 7-25 所示电路的逻辑功能。

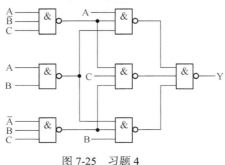

图 7-25　习题 4

5. 用与非门设计一个 4 人表决电路。对于某一个提案，如果赞成，可以按一下每人前面的电钮；不赞成时，不按电钮。表决结果用指示灯指示，灯亮表示多数人同意，提案通过；灯不亮，提案被否决。

6. 设计一个路灯控制的组合逻辑电路。要求在 4 个不同的地方都能独立控制路灯的亮和灭。当一个开关动作后灯亮，则另一个开关动作后灯灭。

7. 在 3 个输入信号中 A 的优先权最高，B 次之，C 最低，它们的输出分别为 Y_A、Y_B、Y_C，要求同一时间内只有一个信号输出。如有两个及两个以上的信号同时输入，则只有优先权最高的有输出。试设计一个能实现这个要求的逻辑电路。

8. 逻辑函数的化简对组合逻辑电路的设计有何实际意义？

9. 一般编码器输入的编码信号为什么是相互排斥的？

10. 为什么说二进制译码器适合用于实现多输出组合逻辑函数？

第8章
集成触发器

前面介绍的各种门电路及由门电路组成的组合电路，其输出完全取决于当前的输入，与过去的输入无关，没有记忆功能。在数字系统中，常需要有记忆功能，如保存数据或运算结果。触发器就是一种具有记忆功能的逻辑部件，其输出不仅与当前输入有关，还与过去的状态有关。触发器有两个稳定状态，分别表示二进制数码的"0"和"1"。触发器可以长期保存所记忆的信息，只有在一定外界触发信号的作用下，它们才能从一个稳定状态翻转到另一个稳定状态，即存入新的数码。由触发器和逻辑门组成的电路称为时序逻辑电路，与组合逻辑电路合为数字电路的两大重要分支。

本章学习目标
- 掌握基本 RS 触发器的结构及工作原理；
- 掌握同步 RS 触发器、JK 触发器、D 触发器的逻辑功能、逻辑符号、触发特点、工作波形等内容。

8.1 基本 RS 触发器

基本 RS 触发器是最简单的触发器，是构成其他性能完善的触发器的基础。

8.1.1 电路结构和工作原理

了解和认识基本 RS 触发器，就从电路结构和工作原理学起。

1. 电路结构

将两个与非门的输入输出端交叉耦合就构成了基本 RS 触发器，如图 8-1 所示。它与组合电路的根本区别在于，电路中有反馈线，因此具有记忆功能。

它有两个输入端 R、S，两个互补输出端 Q、$\overline{Q}$。S 称为置位端或置 1 输入端，R 称为复位端或置 0 输入端。当 Q=1，$\overline{Q}$ =0 时，称为触发器的 1 状态；当 Q=0，$\overline{Q}$ =1 时，称为触发器的 0 状态。

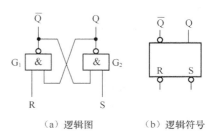

（a）逻辑图　　（b）逻辑符号

图 8-1　与非门组成的基本 RS 触发器

2. 工作原理

下面分 4 种情况分析当基本 RS 触发器的输入端发生变化时，输出端的状态变化情况。应特别注意其输出端状态的改变还与过去的状态有关。

（1）R=S=1

若触发器原状态为 0，即 Q=0、$\overline{Q}$ =1，则 Q 的 0 状态反馈到门 G_2 输入端，使其输出保持为 1；$\overline{Q}$ 的 1 状态反馈到门 G_1 输入端，使其输出保持为 0。

若触发器原状态为 1，即 Q=1、$\overline{Q}$ =0，则 Q 的 1 状态反馈到门 G_2 输入端，使其输出保持为 0；$\overline{Q}$ 的 0 状态反馈到门 G_1 输入端，使其输出保持为 1。

综上分析可见，无论原状态如何，只要输入端信号为 R=S=1，触发器就保持原状态不变，此时称触发器为记忆态。1 位触发器可记忆 1 位二进制数。

（2）S=1，R=0

输入 R 加负脉冲可使 R=0，无论 $\overline{Q}$ 的原态如何都使 $\overline{Q}$ =1。$\overline{Q}$ 的 1 状态反馈到门 G_1 输入端，使 Q=0；Q 的 0 状态反馈到门 G_2 输入端，使 $\overline{Q}$ =1；当 R 上负脉冲消失，有 R=S=1，由（1）的分析可知，触发器保持 Q=0 状态不变。

可见，当 S 接高电平、在 R 端加负脉冲时，可使触发器置 0 并保持。

（3）S=0，R=1

分析与（2）类似，可以得到结论：当 R 接高电平，在 S 端加负脉冲时，可使触发器置 1 并保持。

（4）R=S=0

当 R 端和 S 端同时加负脉冲时，无论触发器原始状态如何，都使 Q=$\overline{Q}$ =1，这违反了 Q 与 $\overline{Q}$ 状态相反的逻辑关系。当负脉冲消失时，两个与非门的输入全部为 1，则逻辑上输出应都为 0。但由于门 G_1 和 G_2 传输延迟时间会有差异。如有一个门先变为 0，则另一个门就不会再变为 0 了。所以，当 R 端和 S 端的负脉冲同时消失时，触发器的状态是不能确定的，应禁止这种状态出现。

综上所述，基本 RS 触发器具有如下逻辑功能：

- 保持功能（R=1、S=1）；
- 置 0 功能（R=0、S=1）；
- 置 1 功能（R=1、S=0）。

需要注意的是，由与非门组成的基本 RS 触发器输入低电平有效，并且不允许在两个输入端同时加负脉冲。

3. 基本 RS 触发器的特点

① 有两个互补的输出端，有两个稳定的状态。

② 有复位（Q=0）、置位（Q=1）、保持原状态 3 种功能。

③ R 为复位输入端，S 为置位输入端，可以是低电平有效，也可以是高电平有效，取决于触

发器的结构。

④ 由于反馈线的存在，无论是复位还是置位，有效信号只需要作用很短的一段时间，即"一触即发"。

练习题

（1）基本 RS 触发器的功能是什么？怎样使触发器置 0 和置 1？

（2）基本 RS 触发器电路中，触发脉冲消失后，其输出状态为什么状态？

8.1.2 触发器的功能描述方法

描述触发器的逻辑功能有 4 种方法：状态真值表、特性方程、状态转换图和波形图。

1. 状态真值表

描述在输入信号的作用下，触发器的次态 Q^{n+1} 及现态 Q^n 与输入信号之间关系的表格称为状态真值表。

现态 Q^n 表示当前的输入信号作用下的输出状态。次态 Q^{n+1} 表示触发器新的状态，不仅与当前的输入信号有关，而且还与触发器原来的状态 Q^n 有关。

应注意触发器的真值表与组合逻辑电路的真值表的不同。状态真值表中 Q^n 实际上是作为输入信号，与触发器输入端信号一起，决定 Q^{n+1} 的状态。基本 RS 触发器的状态真值表如表 8-1 所示。

表 8-1 基本 RS 触发器的状态真值表

R	S	Q^n	Q^{n+1}	功 能 说 明
0	0	0	×	不稳定状态
0	0	1	×	
0	1	0	0	置 0（复位）
0	1	1	0	
1	0	0	1	置 1（置位）
1	0	1	1	
1	1	0	0	保持原状态
1	1	1	1	

2. 特性方程

描述触发器逻辑功能的逻辑表达式称为特性方程，也叫作状态方程。

基本 RS 触发器的特性方程为：

$$Q^{n+1} = S + \overline{R}Q^n \qquad \text{约束条件：} R + S = 1 \text{（即 R、S 不能同时为 0）}$$

3. 状态转换图

状态转换图表示触发器从一个状态变化到另一个状态或保持原状态不变时，对输入信号的要求。基本 RS 触发器的状态转换图如图 8-2 所示，其中×符号表示该信号可以是 1 也可以是 0。

4. 波形图

波形图也叫时序图，触发器的功能也可以用输入输出波形图直观地表示出来。设基本 RS 触发器初始状态为 0，输入 R、S 的波形图，由其逻辑功能，可画出输出 Q、$\overline{Q}$ 的波形图如图 8-3 所示。图中虚线所示为考虑门电路的延迟时间的情况。

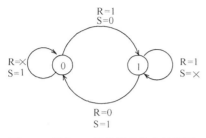

图 8-2　基本 RS 触发器的状态转换图

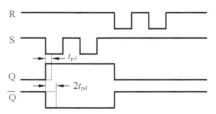

图 8-3　基本 RS 触发器输入输出波形图

8.2　同步 RS 触发器

在实际应用中，数字系统往往会含有多个触发器，为了使系统协调工作，就希望对触发器进行一定的控制，使其按一定的节拍翻转。为此，人们给触发器加上一个时钟控制端 CP，只有在 CP 端上出现时钟脉冲时，触发器的状态才能变化。具有时钟脉冲控制的触发器状态的改变与时钟脉冲同步，所以称为同步触发器。

1.　电路结构

同步 RS 触发器的逻辑图和逻辑符号如图 8-4 所示。

2.　逻辑功能

当 CP=0 时，控制门 G_3、G_4 关闭，都输出 1。这时，不管 R 端和 S 端的信号如何变化，触发器的状态保持不变。

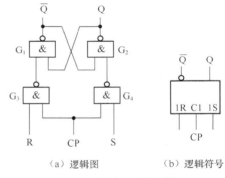

（a）逻辑图　　　　（b）逻辑符号

图 8-4　同步 RS 触发器

当 CP=1 时，G_3、G_4 打开，R、S 端的输入信号才能通过这两个门，使基本 RS 触发器的状态翻转，其输出状态由 R、S 端的输入信号决定。同步 RS 触发器的逻辑功能如表 8-2 所示。

表 8-2　　　　　　　　　　　　同步 RS 触发器逻辑功能表

R	S	Q^n	Q^{n+1}	功　能　说　明
0	0	0	0	保持原状态
0	0	1	1	
0	1	0	1	输出状态与 S 状态相同
0	1	1	1	
1	0	0	0	输出状态与 S 状态相同
1	0	1	0	
1	1	0	×	输出状态不稳定
1	1	1	×	

由此可以看出，同步 RS 触发器的状态转换分别由 R、S 和 CP 控制，其中，R、S 控制状态

171

转换的方向，即转换为何种次态；CP 控制状态转换的时刻，即何时发生转换。

3. 特性方程

根据表 8-2 所示的逻辑功能，可得同步 RS 触发器的特性方程为

$$Q^{n+1} = S + \overline{R}Q^n \qquad 约束条件：RS=0$$

4. 波形图

图 8-5 所示为同步 RS 触发器的波形图。

在一个时钟周期的整个高电平期间或整个低电平期间都能接收输入信号并改变状态的触发方式称为电平触发。由此引起的在一个时钟脉冲周期中，触发器发生多次翻转的现象叫作空翻。空翻是一种有害的现象，它使得时序电路不能按时钟节拍工作，从而造成系统的误动作。同步 RS 触发器的空翻波形如图 8-6 所示。

造成空翻现象的原因是同步触发器结构的不完善，下面将讨论的几种无空翻的触发器，它们都是从结构上采取措施来克服空翻现象的。

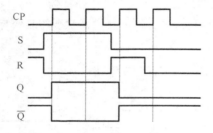

图 8-5　同步 RS 触发器的波形图

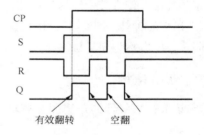

图 8-6　同步 RS 触发器的空翻波形

【例 8-1】　试用或非门构成基本 RS 触发器。

解：电路结构如图 8-7 所示，S 仍然称为置 1 输入端，但为高电平有效，R 仍然称为置 0 输入端，也为高电平有效。

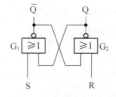

图 8-7　或非门构成的基本 RS 触发器

8.3　主从 JK 触发器

RS 触发器的特性方程中有一个约束条件 SR=0，即在工作时，不允许输入信号 R、S 同时为 1。这一约束条件使得 RS 触发器在使用时，有时感觉不方便。如何解决这个问题呢？我们注意到，触发器的两个输出端 Q、$\overline{Q}$ 在正常工作时是互补的，即一个为 1，另一个一定为 0。因此，如果把这两个信号通过两根反馈线分别引到输入端，就一定有一个门被封锁，这时，就不怕输入信号同时为 1 了。这就是主从 JK 触发器的构成思路。

主从触发器由两级触发器构成，其中一级直接接收输入信号，称为主触发器；另一级接收主触发器的输出信号，称为从触发器。两级触发器的时钟信号互补，从而有效地克服了空翻现象。

1. 电路结构

主从 JK 触发器的逻辑图和逻辑符号如图 8-8 所示。

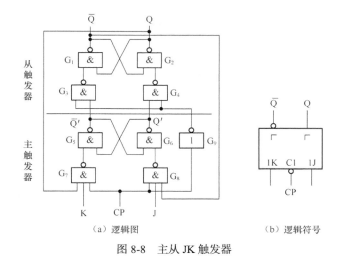

（a）逻辑图　　　　　　　　　（b）逻辑符号

图 8-8　主从 JK 触发器

2. 逻辑功能

JK 触发器的逻辑功能与 RS 触发器的逻辑功能基本相同，不同之处在于 JK 触发器没有约束条件。在 J=K=1 时，每输入一个时钟脉冲后，触发器向相反的状态翻转一次。表 8-3 为 JK 触发器的逻辑功能表。

表 8-3　　　　　　　　　　　　　　JK 触发器的逻辑功能表

J	K	Q^n	Q^{n+1}	功 能 说 明
0	0	0	0	保持原状态
0	0	1	1	
0	1	0	0	输出状态与 J 状态相同
0	1	1	0	
1	0	0	1	输出状态与 J 状态相同
1	0	1	1	
1	1	0	1	每输入一个脉冲，输出状态改变一次
1	1	1	0	

3. 特性方程

根据表 8-3 可得 JK 触发器的特性方程为

$$Q^{n+1} = J\overline{Q^n} + \overline{K}Q^n$$

4. 状态转换图

主从 JK 触发器的状态转换图如图 8-9 所示。

5. 主从 JK 触发器存在的问题——一次变化现象

设主从 JK 触发器初始状态为 0，已知输入 J、K 的波形如图 8-10 所示，可画出输出 Q 的波形图。

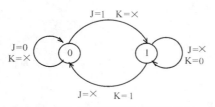

图 8-9　主从 JK 触发器的状态转换图

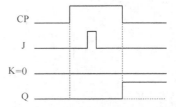

图 8-10　主从 JK 触发器的一次变化波形

由此看出，主从 JK 触发器在 CP=1 期间，主触发器只变化（翻转）一次，这种现象称为一次变化现象。一次变化现象也是一种有害的现象，如果在 CP=1 期间，输入端出现干扰信号，就可能造成触发器的误动作。为了避免发生一次变化现象，在使用主从 JK 触发器时，要保证在 CP=1 期间，J、K 保持状态不变。

【例 8-2】　设主从 JK 触发器的初始状态为 0，已知输入 J、K 的波形图如图 8-11 所示，画出输出 Q 的波形图。

解：在画主从触发器的波形图时，应注意以下两点。

（1）触发器的触发翻转发生在时钟脉冲的触发沿（这里是下降沿）。

（2）在 CP=1 期间，如果输入信号的状态没有改变，判断触发器次态的依据就是时钟脉冲下降沿前一瞬间输入端的状态。

练习题

设主从 JK 触发器的初始状态为 0，CP、J、K 信号如图 8-12 所示，试画出触发器 Q 端的波形。

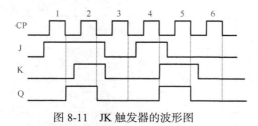

图 8-11　JK 触发器的波形图

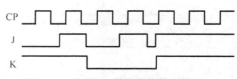

图 8-12　主从 JK 触发器的信号波形

8.4　边沿 D 触发器

要解决 JK 触发器的一次变化问题，仍应从电路结构上入手，让触发器只接收 CP 触发沿到来前一瞬间的输入信号，这种触发器就是边沿触发器。

边沿触发器不仅将触发器的触发翻转控制在 CP 触发沿到来的一瞬间，而且将接收输入信号的时间也控制在 CP 触发沿到来的前一瞬间。因此，边沿触发器既没有空翻现象，也没有一次变化问题，从而大幅提高了触发器工作的可靠性和抗干扰能力。

1. 电路结构

图 8-13（a）所示为同步 D 触发器。为了克服同步触发器的空翻现象，并具有边沿触发器的特性，在图 8-13（a）电路的基础上引入 3 根反馈线 L_1、L_2、L_3，如图 8-13（b）所示。

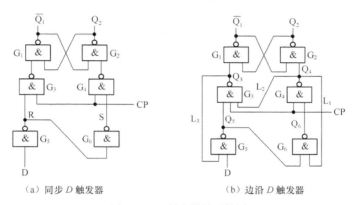

（a）同步 D 触发器　　　　　（b）边沿 D 触发器

图 8-13　D 触发器的逻辑图

2. 逻辑功能

D 触发器只有一个触发输入端 D，因此逻辑关系非常简单，如表 8-4 所示。

表 8-4　　　　　　　　　　　　　　　　D 触发器逻辑功能表

D	Q^n	Q^{n+1}	功　能　说　明
0	0	0	
0	1	0	输出状态与 D 状态相同
1	0	1	
1	1	1	

3. 特性方程

D 触发器的特性方程为

$$Q^{n+1} = D$$

4. 状态转换图

D 触发器的状态转换图如图 8-14 所示。

【例 8-3】　边沿 D 触发器如图 8-13（b）所示，设初始状态为 0,已知输入 D 的波形图如图 8-15 所示，画出输出 Q 值的波形。

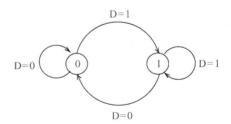

图 8-14　D 触发器的状态转换图

解：根据 D 触发器的功能表或特性方程可以画出输出 Q 值的波形图，如图 8-16 所示。

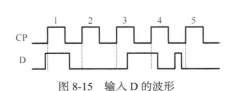

图 8-15　输入 D 的波形

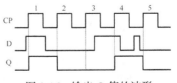

图 8-16　输出 Q 值的波形

175

由于是边沿触发器，在画波形图时，应考虑以下两点。

① 触发器的触发翻转发生在时钟脉冲的触发沿（这里是上升沿）。

② 判断触发器次态的依据是时钟脉冲触发沿前一瞬间，这里是上升沿前一瞬间输入端的状态。

练习题

两种不同触发方式的 D 触发器的逻辑符号、时钟 CP 和信号 D 的波形分别如图 8-17 和图 8-18 所示。设各触发器的初始状态为 0，画出各触发器 Q 端的波形图。

图 8-17　D 触发器的信号波形　　　　图 8-18　时钟 CP 和信号 D 的波形

8.5　触发器的应用

触发器广泛应用在计数、分频、产生不同节拍的脉冲信号等电路中。

1. 基本 RS 触发器的应用——消颤开关

一般的机械开关，在接通或断开过程中，由于受触点金属片弹性的影响，通常会产生一串脉动式的振动。如果将它装在电路中，则相应会引起一串电脉冲，若不采取措施，将造成电路的误操作。利用简单的 RS 触发器，可以很方便地消除这种机械颤动而造成的不良后果。图 8-19 所示为由 RS 触发器构成的消颤开关电路及工作波形。

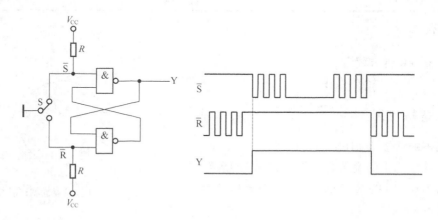

图 8-19　消颤开关电路及工作波形

2. JK 触发器在控制测量技术中的应用

JK 触发器可以用作计数器、分频器、移位寄存器等。图 8-20 所示为一个 JK 触发器构成的时序逻辑电路，这个电路可以产生 1010 的脉冲序列。

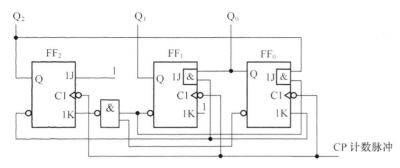

图 8-20 JK 触发器构成的时序逻辑电路

8.6 实验 集成触发器逻辑功能测试

1. 实验目的

（1）认识集成触发器器件，学习触发器逻辑功能的测试方法。
（2）熟悉基本 RS 触发器的结构、逻辑功能和触发方式。
（3）熟悉 JK 触发器和 D 触发器的逻辑功能和触发方式。

2. 实验器材

数字逻辑实验箱，双踪示波器，数字万用表，74LS00 一片，SN74LS112 四片，SN74L74 一片，导线若干。

3. 实验原理

（1）触发器的原理。

触发器是具有记忆功能的二进制存储器件，是各种时序逻辑电路的基本器件之一，其结构有同步、主从、维持阻塞 3 种。触发器按功能可以分为 RS 触发器、JK 触发器和 D 触发器；按电路的触发方式可以分为主从触发器、边沿触发器（包括上升边沿触发器和下降边沿触发器）。目前国产的 TTL 集成触发器主要有边沿 D 触发器、主从 JK 触发器等。

由两个与非门交叉耦合而成的基本 RS 触发器（见图 8-21）是各种触发器的最基本结构，能存储一位二进制信息，但存在 RS=0 的约束条件，即 R 端与 S 端的输入信号不能同时为 0。

图 8-22 所示为集成触发器的逻辑符号图。一个集成触发器通常有 3 种输入端，第一种是异步置位、复位输入端，用 S_D、R_D 表示。如果输入端有一个圈，则表示用低电平驱动，当 S_D 或 R_D 端有驱动信号时，触发器的状态不受时钟脉冲与控制输入端所处状态的影响。第二种是时钟输入端，用 CP 表示，在 $S_D=R_D=1$ 的情况下，只有 CP 脉冲作用时才能使触发器状态更新。如果 CP 输入端没有小圈，就表示在 CP 脉冲上升沿时触发器状态更新；如果 CP 输入端有小圈，则表示在 CP 脉冲下降沿时触发器状态更新。第三种是控制输入端，用 D、J、K 等表示。加在控制输入端的信号是触发器状态更新的依据。

（2）集成触发器的引脚排列，如图 8-23 所示。

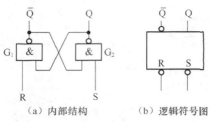

(a) 内部结构　　　　(b) 逻辑符号图

图 8-21　与非门构成的基本 RS 触发器

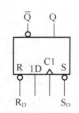

图 8-22　集成触发器的逻辑符号图

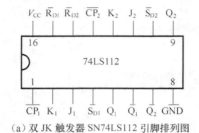

(a) 双 JK 触发器 SN74LS112 引脚排列图

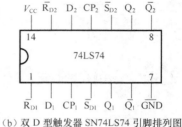

(b) 双 D 型触发器 SN74LS74 引脚排列图

图 8-23　实验用元器件的引脚排列图

4. 实验步骤

（1）基本 RS 触发器的逻辑功能测试。

按图 8-21 用与非门构成基本 RS 触发器，输入端 R、S 接逻辑开关，输出端 Q、$\overline{Q}$ 接电平指示器（发光二极管）。按表 8-5 的要求测试逻辑功能，观察并记录输出端 Q 的状态变化，总结基本 RS 触发器的逻辑功能。

表 8–5　　　　　　　　　　基本 RS 触发器的逻辑功能测试表

输　　入			输　　出
R	S	Q^n	Q^{n+1}
0	0	0	
		1	
0	1	0	
		1	
1	0	0	
		1	
1	1	0	
		1	

（2）集成双 JK 触发器 SN74LS112 的逻辑功能测试。

● 测试 $\overline{R}_D$、$\overline{S}_D$ 的复位和置位功能。

任取 SN74LS112 芯片中一组 JK 触发器，$\overline{R}_D$、$\overline{S}_D$、J、K 端接逻辑开关，CP 端接单次脉冲源，Q、$\overline{Q}$ 端接电平指示器，参照表 8-6 的要求改变 $\overline{R}_D$、$\overline{S}_D$（J、K、CP 处于任意状态），并在 $\overline{R}_D$ =0（$\overline{S}_D$ =1）或 $\overline{R}_D$ =1（$\overline{S}_D$ =0）作用期间任意改变 J、K、CP 的状态，观察 Q、$\overline{Q}$ 的状态，将测试结果记入表 8-6 中。

表 8-6　　　　　　　　　　　　JK 触发器异步复位端和置位端的测试表

CP	J	K	$\overline{R}_D$	$\overline{S}_D$	Q^{n+1}
×	×	×	0	1	
×	×	×	1	0	

● 测试 JK 触发器的逻辑功能。

在 $\overline{R}_D=1$，$\overline{S}_D=1$ 的情况下，按表 8-7 要求改变 J、K、CP 状态，观察 Q、$\overline{Q}$ 的状态变化，观察触发器状态更新是否发生在 CP 脉冲的下降沿（即 1→0），将测试结果记入表 8-7 中。

表 8-7　　　　　　　　　　　JK 触发器的逻辑功能测试表

J	K	CP	Q^{n+1}		功 能 说 明
			$Q^n=0$	$Q^n=1$	
0	0	0→1			
		1→0			
0	1	0→1			
		1→0			
1	0	0→1			
		1→0			
1	1	0→1			
		1→0			

（3）测试双 D 触发器 SN74LS74 的逻辑功能。

● 测试 $\overline{R}_D$、$\overline{S}_D$ 的复位和置位功能，测试方法同前。

● 测试 D 触发器的逻辑功能。

按表 8-8 的要求进行测试，并观察触发器状态更新是否发生在 CP 脉冲的上升沿（即 0→1）。记录并分析实验结果，判断是否与 D 触发器的工作原理一致。

表 8-8　　　　　　　　　　　D 触发器的逻辑功能测试表

D	CP	Q^{n+1}		功 能 说 明
		$Q^n=0$	$Q^n=1$	
0	0→1			
	1→0			
1	0→1			
	1→0			

5．预习要求

（1）复习基本 RS 触发器、JK 触发器、D 触发器的逻辑功能。

（2）熟悉触发器功能测试表格。

6．实验报告

（1）整理实验表格。

（2）总结触发器的功能和测试方法。

（3）总结触发器的性质。

7. 思考题

（1）边沿触发与电平触发有什么不同？

（2）如何根据触发器的逻辑功能写出状态方程？

8. 注意事项

（1）一定不能忘记要接上集成电路芯片的电源线和地线。

（2）注意集成电路芯片的引脚排列。

（3）注意触发的方式。

8.7 本章小结

（1）时序逻辑电路在任何一个时刻的输出状态不仅取决于当时的输入信号，还与电路的原状态有关，因此时序电路中必须含有具有记忆能力的存储器件，触发器是最常用的存储器件。

（2）触发器有两个基本性质：

- 在一定条件下，触发器可维持在两种稳定状态（0 或 1 状态）之一而保持不变；

- 在一定的外加信号作用下，触发器可从一个稳定状态转变到另一个稳定状态。这就使得触发器能够记忆二进制信息 0 和 1，因此常被用作二进制存储单元。

（3）触发器的逻辑功能是指触发器输出的次态与输出的现态及输入信号之间的逻辑关系。描写触发器逻辑功能的方法主要有状态真值表、特性方程、状态转换图和波形图等。

（4）根据逻辑功能的不同，触发器可分为：基本 RS 触发器（电平触发方式）、同步触发器（脉冲触发方式）、主从触发器（脉冲触发方式）、边沿触发器（边沿触发方式）。

（5）同一电路结构的触发器可以做成不同的逻辑功能；同一逻辑功能的触发器可以用不同的电路结构来实现；不同结构的触发器具有不同的触发条件和动作特点，触发器逻辑符号中 CP 端有小圆圈的为下降沿触发，没有小圆圈的为上升沿触发。

8.8 习题

1. 分析图 8-24 所示电路的逻辑功能，列出真值表，导出特征方程并说明 S_D、R_D 的有效电平。

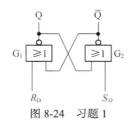

图 8-24 习题 1

2. 电路如图 8-25 所示，已知 CP、A、B 的波形，试画出 Q_1 和 Q_2 的波形。设触发器的初始状态均为 0。

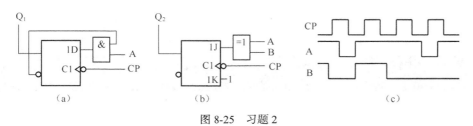

（a）　　　　　　　　（b）　　　　　　　　（c）

图 8-25 习题 2

3. 画出图 8-26 所示电路中 Q_1 和 Q_2 的波形。

4. 画出图 8-27 所示电路中 Q_1 和 Q_2 的波形。

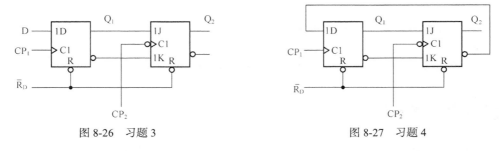

图 8-26 习题 3　　　　　　　　图 8-27 习题 4

5. 归纳基本 RS 触发器、同步触发器、主从触发器和边沿触发器触发翻转的特点。

6. 主从 JK 触发器在电路结构上有什么特点？它为什么能克服空翻现象？

第 9 章

时序逻辑电路

时序逻辑电路由触发器和组合门电路组成，电路在任一时刻的输出状态不仅取决于当时的输入信号，还与电路的原状态有关。

本章学习目标

- 掌握时序逻辑电路的分析方法；
- 掌握计数器典型芯片的原理、逻辑功能和使用；
- 了解寄存器典型芯片的原理、逻辑功能和使用。

9.1 概述

为了更好地了解时序逻辑电路，我们首先介绍时序逻辑电路的基本概念。

1. 时序逻辑电路的特点和分类

按照电路状态转换情况不同，时序电路分为同步时序电路和异步时序电路两大类。同步时序电路中所有触发器的时钟端由同一时钟脉冲直接驱动，各触发器同时进行翻转。

按照电路中输出变量是否和输入变量直接相关，时序电路又分为米里（Mealy）型电路和莫尔（Moore）型电路。米里型电路的外部输出 Z 既与触发器的状态 Q^n 有关，又与外部输入 X 有关。而莫尔型电路的外部输出 Z 仅与触发器的状态 Q^n 有关，与外部输入 X 无关。

由触发器作存储器件的时序电路的基本结构框图如图 9-1 所示。

2. 时序逻辑的表示方式

（1）逻辑函数：一般需用 3 组逻辑函

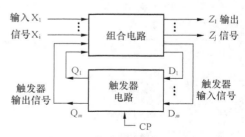

图 9-1   时序电路的基本结构框图

数表示时序逻辑。

输出方程：$Z(t_n)=f[X(t_n),Q(t_n)]$，为组合逻辑部分的输出函数表达式；

驱动方程：$W(t_n)=g[X(t_n),Q(t_n)]$，为各触发器输入端的信号函数表达式；

特性方程：$Q(t_{n+1})=h[W(t_n),Q(t_n)]$，为表达触发器逻辑功能的函数表达式。

（2）状态转换表。

（3）状态转换图。

（4）时序波形图。

3. 时序逻辑电路的分析方法

分析时序逻辑电路的一般步骤如下。

① 观察逻辑图，明确时钟驱动情况，是同步还是异步时序逻辑电路。分析每个触发器的触发方式，分清输入变量和输出变量，组合电路和记忆电路部分。

② 根据给定的时序逻辑图写出下列各逻辑方程式：

● 各触发器的时钟方程；

● 时序电路的输出方程；

● 各触发器的驱动方程。

③ 将驱动方程代入相应触发器的特性方程，求得各触发器的次态方程，也就是时序逻辑电路的状态方程。

④ 根据状态方程和输出方程，列出该时序电路的状态表，画出状态图或时序图。

⑤ 根据电路的状态表或状态图说明给定时序逻辑电路的逻辑功能。

【例 9-1】 分析图 9-2 所示的时序逻辑电路。

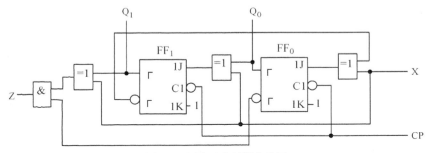

图 9-2 同步时序逻辑电路图

解：可以看出图 9-2 为同步时序逻辑电路。图中的两个触发器都接至同一个时钟脉冲源 CP，所以各触发器的时钟方程可以不写。

（1）写出输出方程： $Z=(X\oplus Q_1^n)\cdot\overline{Q_0^n}$

（2）写出驱动方程：

$$J_0=X\oplus\overline{Q_1^n} \qquad K_0=1$$

$$J_1=X\oplus Q_0^n \qquad K_1=1$$

（3）写出 JK 触发器的特性方程 $Q^{n+1}=J\overline{Q^n}+\overline{K}Q^n$，然后将各驱动方程代入 JK 触发器的特性方程，得各触发器的次态方程：

$$Q_0^{n+1} = J_0 \overline{Q_0^n} + \overline{K_0} Q_0^n = (X \oplus \overline{Q_1^n}) \overline{Q_0^n}$$

$$Q_1^{n+1} = J_1 \overline{Q_1^n} + \overline{K_1} Q_1^n = (X \oplus Q_0^n) \cdot \overline{Q_1^n}$$

（4）作状态转换表及状态图。

由于输入控制信号 X 可取 1，也可取 0，所以分两种情况列状态转换表和画状态图。

① 当 X=0 时。

将 X=0 代入输出方程和触发器的次态方程，则输出方程简化为：$Z = Q_1^n \overline{Q_0^n}$；触发器的次态方程简化为：$Q_0^{n+1} = \overline{Q_1^n Q_0^n}$，$Q_1^{n+1} = Q_0^n \overline{Q_1^n}$。

设电路的现态为 $Q_1^n Q_0^n = 00$，依次代入上述触发器的次态方程和输出方程中进行计算，得到电路的状态转换表如表 9-1 所示。

根据表 9-1 所示的状态转换表可得状态转换图如图 9-3 所示。

表 9-1　　　　　　　　　　　　　X=0 时的状态表

现　　　态		次　　　态		输　　　出
Q_1^n	Q_0^n	Q_1^{n+1}	Q_0^{n+1}	Z
0	0	0	1	0
0	1	1	0	0
1	0	0	0	1

② 当 X=1 时。

输出方程简化为：$Z = \overline{Q_1^n Q_0^n}$；

触发器的次态方程简化为：$Q_0^{n+1} = Q_1^n \overline{Q_0^n}$，$Q_1^{n+1} = \overline{Q_0^n Q_1^n}$

计算可得电路的状态转换表如表 9-2 所示，状态图如图 9-4 所示。

表 9-2　　　　　　　　　　　　　X=1 时的状态表

现　　　态		次　　　态		输　　　出
Q_1^n	Q_1^{n+1}	Q_1^{n+1}	Q_0^{n+1}	Y
0	0	1	0	1
1	0	0	1	0
0	1	0	0	0

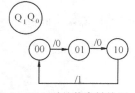

图 9-3　X=0 时的状态转换图

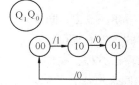

图 9-4　X=1 时的状态转换图

（5）画电路的时序波形图，如图 9-5 所示。

（6）分析逻辑功能。

该电路一共有 3 个状态 00、01、10。当 X=0 时，按照加 1 规律从 00→01→10→00 循环变化，并每当转换为 10 状态（最大数）时，输出 Z=1。当 X=1 时，按照减 1 规律从 10→01→00→10 循环变化，并每当转换为 00 状态（最小数）时，输出 $Z=1$。所以该电路是一个可控的 3 进制计数器，当 $X=0$ 时，作加法计数，Z 是进位信号；当 $X=1$ 时，作减法计数，Z 是借位信号。

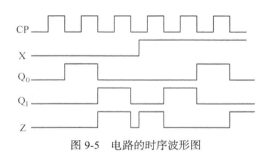

图 9-5　电路的时序波形图

异步时序逻辑电路的分析与同步时序逻辑电路分析方法基本相同，但应注意两个特点：

● 异步时序逻辑电路中没有统一的时钟脉冲，因此，分析时必须写出时钟方程；

● 需要分析有效状态、偏离状态以及自启动特性。

练习题

总结同步时序逻辑电路的分析过程。

9.2　计数器

计数器在数字系统中应用十分广泛，不仅能统计输入脉冲的个数，还可以用作分频、定时、产生节拍脉冲等。

计数器按计数进制可分为二进制计数器和非二进制计数器，其中非二进制计数器中最典型的是十进制计数器；按数字的增减趋势可分为加法计数器、减法计数器和可逆计数器；按计数器中触发器翻转是否与计数脉冲同步可分为同步计数器和异步计数器。

9.2.1　二进制计数器

按照二进制数的顺序进行计数的计数器称为二进制计数器。二进制计数器由 n 位触发器组成，其计数模数为 2^n，计数的范围为 $0 \sim 2^n - 1$。

1. 二进制异步加法计数器

图 9-6 所示为由 4 个下降沿触发的 JK 触发器构成的 4 位异步二进制加法计数器的逻辑图。最低位触发器 FF_0 的时钟脉冲输入端接计数脉冲 CP，其他触发器的时钟脉冲输入端接相邻低位触发器的 Q 端。

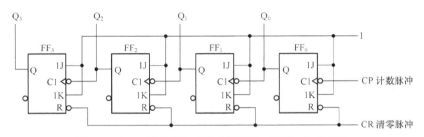

图 9-6　由 JK 触发器构成的 4 位异步二进制加法计数器

该电路的时序波形图如图 9-7 所示。由图 9-7 可知，从初态 0000（由清零脉冲所置）开始，每输入一个计数脉冲，计数器的状态按二进制加法规律加 1，所以是二进制加法计数器。又因为这个计数器有 0000～1111 这 16 种状态，所以也称为十六进制加法计数器或模 16（M=16）加法计数器。

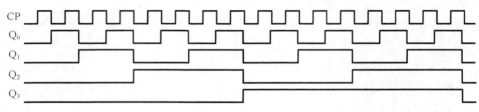

图 9-7　时序波形图

另外，从图 9-7 所示的时序波形图也可以看出，Q_0、Q_1、Q_2、Q_3 的周期分别是计数脉冲（CP）周期的 2 倍、4 倍、8 倍、16 倍，也就是说，Q_0、Q_1、Q_2、Q_3 分别对 CP 波形进行了 2 分频、4 分频、8 分频、16 分频，因而计数器也可以作为分频器使用。

异步二进制计数器结构简单，通过改变级联触发器的个数，可以很方便地改变二进制计数器的位数，n 个触发器构成 n 位二进制计数器或模 2^n 计数器，或 2^n 分频器。

2. 二进制异步减法计数器

将图 9-6 所示电路中 FF_1、FF_2、FF_3 的时钟脉冲输入端改接到相邻低位触发器的 $\overline{Q}$ 端，就可以构成二进制异步减法计数器。图 9-8 所示为用 4 个上升沿触发的 D 触发器构成的 4 位异步二进制减法计数器的逻辑图。

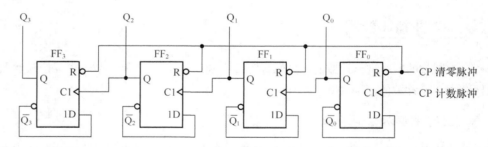

图 9-8　D 触发器组成的 4 位异步二进制减法计数器的逻辑图

在二进制异步计数器中，高位触发器的状态翻转必须在相邻触发器产生进位信号（加计数）或借位信号（减计数）之后才能实现，所以异步计数器的工作速度较低。为了提高计数器的工作速度，可采用同步计数器。

3. 二进制同步加法计数器

图 9-9 所示为由 4 个 JK 触发器组成的 4 位同步二进制加法计数器的逻辑图。图中各触发器的时钟脉冲输入端接同一计数脉冲 CP，显然，这是一个同步时序电路。

各触发器的驱动方程分别为

$$J_0=K_0=1 \qquad J_1=K_1=Q_0 \qquad J_2=K_2=Q_0Q_1 \qquad J_3=K_3=Q_0Q_1Q_2$$

该电路的驱动方程规律性较强，只需用"观察法"就可画出时序波形图或状态表，其状态表如表 9-3 所示。

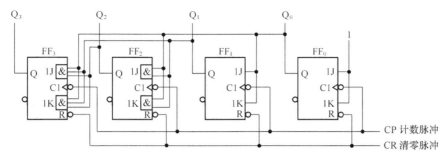

图 9-9　4 位同步二进制加法计数器的逻辑图

表 9–3　　　　　　　　　　　　4 位二进制同步加法计数器的状态表

计数脉冲序号	电 路 状 态				等效十进制数
	Q_3	Q_2	Q_1	Q_0	
0	0	0	0	0	0
1	0	0	0	1	1
2	0	0	1	0	2
3	0	0	1	1	3
4	0	1	0	0	4
5	0	1	0	1	5
6	0	1	1	0	6
7	0	1	1	1	7
8	1	0	0	0	8
9	1	0	0	1	9
10	1	0	1	0	10
11	1	0	1	1	11
12	1	1	0	0	12
13	1	1	0	1	13
14	1	1	1	0	14
15	1	1	1	1	15
16	0	0	0	0	0

同步计数器的计数脉冲 CP 同时接到各位触发器的时钟脉冲输入端，当计数脉冲到来时，应该翻转的触发器同时翻转，所以速度比异步计数器高，但其电路结构比异步计数器复杂。

4. 二进制同步减法计数器

4 位二进制同步减法计数器的翻转规律与 4 位二进制同步加法计数器相似，只要将图 9-9 所示电路的各触发器的驱动方程改为

$$J_0=K_0=1 \qquad J_1=K_1=\overline{Q_0} \qquad J_2=K_2=\overline{Q_0\,Q_1} \qquad J_3=K_3=\overline{Q_0\,Q_1\,Q_2}$$

就构成了 4 位二进制同步减法计数器。

5. 二进制同步可逆计数器

既能作加计数又能作减计数的计数器称为可逆计数器。将前面介绍的 4 位二进制同步加法计数器和减法计数器合并起来，并引入一加/减控制信号 X 便构成了 4 位二进制同步可逆计数器，其逻辑图如图 9-10 所示。

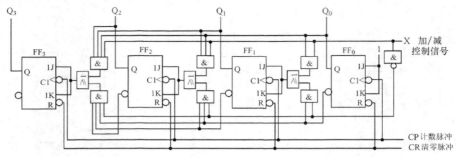

图 9-10　4 位二进制同步可逆计数器的逻辑图

当控制信号 X=1 时，$FF_1 \sim FF_3$ 中的各 J、K 端分别与低位各触发器的 Q 端相连，作加法计数；当控制信号 X=0 时，$FF_1 \sim FF_3$ 中的各 J、K 端分别与低位各触发器的 $\overline{Q}$ 端相连，作减法计数，实现了可逆计数器的功能。

练习题

计数器的主要作用是什么？什么是加法计数器和减法计数器？什么是同步计数器和异步计数器？

9.2.2　集成二进制计数器

目前人们广泛应用的是集成二进制计数器，下面将简单介绍常用的集成二进制计数器芯片及其应用。

1. 集成二进制计数器芯片介绍

（1）4 位二进制同步加法计数器 74161

图 9-11 所示为 74161 的内部电路原理结构，图 9-12 所示为其引脚图，功能表如表 9-4 所示。

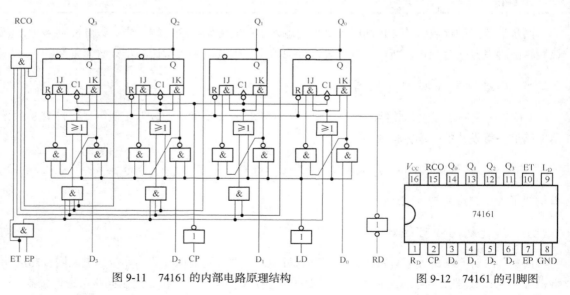

图 9-11　74161 的内部电路原理结构

图 9-12　74161 的引脚图

表 9-4   74161 的功能表

清 零	预 置	使	能	时 钟	预置数据输入				输	出			工 作 模 式
R_D	L_D	EP	ET	CP	D_3	D_2	D_1	D_0	Q_3	Q_2	Q_1	Q_0	
0	×	×	×	×	×	×	×	×	0	0	0	0	异步清零
1	0	×	×	↑	d_3	d_2	d_1	d_0	d_3	d_2	d_1	d_0	同步置数
1	1	0	×	×	×	×	×	×	保持				数据保持
1	1	×	0	×	×	×	×	×	保持				数据保持
1	1	1	1	↑	×	×	×	×	计数				加法计数

由表 9-4 可知，74161 具有以下功能。

● 异步清零。当 R_D=0 时，不管其他输入端的状态如何，不论有无时钟脉冲 CP，计数器输出将被直接置零（$Q_3Q_2Q_1Q_0$=0000），称为异步清零。

● 同步并行预置数。当 R_D=1、L_D=0 时，在输入时钟脉冲 CP 上升沿的作用下，并行输入端的数据 $d_3d_2d_1d_0$ 被置入计数器的输出端，即 $Q_3Q_2Q_1Q_0$=$d_3d_2d_1d_0$。由于这个操作要与 CP 上升沿同步，所以称为同步预置数。

● 计数。当 R_D=L_D=EP=ET=1 时，在 CP 端输入计数脉冲，计数器进行二进制加法计数。

● 保持。当 R_D=L_D=1，且 EP·ET=0，即两个使能端中有 0 时，计数器保持原来的状态不变。这时，如果 EP=0、ET=1，则进位输出信号 RCO 保持不变；如果 ET=0，则不管 EP 状态如何，进位输出信号 RCO 为低电平 0。

（2）4 位二进制同步可逆计数器 74191

图 9-13 所示为集成 4 位二进制同步可逆计数器 74191 的引脚图。其中 L_D 是异步预置数控制端；D_3、D_2、D_1、D_0 是预置数据输入端；EN 是使能端，低电平有效；D/$\overline{U}$ 是加/减控制端，为 0 时作加法计数，为 1 时作减法计数；MAX/MIN 是最大/最小控制端；RCO 是进位/借位输出端，其功能表如表 9-5 所示。

图 9-13   74191 的引脚图

表 9-5   74191 的功能表

预 置	使 能	加/减控制	时 钟	预置数据输入				输	出			工 作 模 式
LD	EN	D/$\overline{U}$	CP	D_3	D_2	D_1	D_0	Q_3	Q_2	Q_1	Q_0	
0	×	×	×	d_3	d_2	d_1	d_0	d_3	d_2	d_1	d_0	异步置数
1	1	×	×	×	×	×	×	保持				数据保持
1	0	0	↑	×	×	×	×	加法计数				加法计数
1	0	1	↑	×	×	×	×	减法计数				减法计数

由表 9-5 可知，74191 具有以下功能。

● 异步置数。当 L_D=0 时，不管其他输入端的状态如何，有无时钟脉冲 CP，并行输入端的数据 $d_3d_2d_1d_0$ 都被直接置入计数器的输出端，即 $Q_3Q_2Q_1Q_0$=$d_3d_2d_1d_0$。由于该操作不受 CP 控制，所以称为异步置数。注意该计数器无清零端，需清零时可用预置数的方法置零。

● 保持。当 L_D=1 且 EN=1 时，计数器保持原来的状态不变。

● 计数。当 L_D=1 且 EN=0 时，在 CP 端输入计数脉冲，计数器进行二进制计数。当 D/$\overline{U}$=0 时作加法计数；当 D/$\overline{U}$=1 时作减法计数。

另外，该电路还有最大/最小控制端 MAX/MIN 和进位/借位输出端 RCO。它们的逻辑表达式为：$\text{MAX/MIN}=(D/\overline{U})\cdot Q_3Q_2Q_1Q_0+\overline{D/\overline{U}}\cdot\overline{Q_3Q_2Q_1Q_0}$，$\text{RCO}=\overline{\overline{EN}\cdot\overline{CP}\cdot\text{MAX/MIN}}$，即当加法计数计到最大值 1111 时，MAX/MIN 端输出 1，如果此时 CP=0，则 RCO=0，发一个进位信号；当减法计数计到最小值 0000 时，MAX/MIN 端也输出 1，如果此时 CP=0，则 RCO=0，发一个借位信号。

2. 集成计数器的应用

（1）计数器的级联

计数器的进制数叫作计数器的模。两个模 N 计数器级联，可实现 $N\times N$ 的计数器。图 9-14 所示为用两片 4 位二进制加法计数器 74161 采用同步级联方式构成的 8 位二进制同步加法计数器，模为 $16\times16=256$。图 9-15 所示为用两片 4 位二进制可逆计数器 74191 采用异步级联方式构成的 8 位二进制异步可逆计数器。

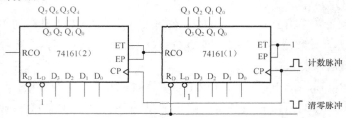

图 9-14　74161 同步级联组成 8 位二进制同步加法计数器

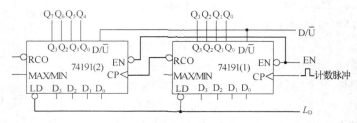

图 9-15　74191 异步级联组成 8 位二进制可逆计数器

（2）组成分频器

模 N 计数器进位输出端输出脉冲的频率是输入脉冲频率的 $1/N$，因此可用模 N 计数器组成 N 分频器。例如，某石英晶体振荡器输出脉冲信号的频率为 32 768Hz，因为 32 768=2^{15}，经 15 级二分频，就可获得频率为 1Hz 的脉冲信号，所以将 4 片 74161 级联，从高位片（4）的 Q_2 输出即可，其逻辑电路如图 9-16 所示。

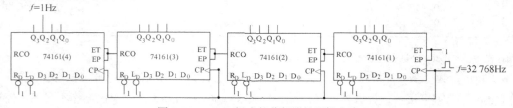

图 9-16　74161 组成的分频器的逻辑电路

练习题

什么是计数器的模？由七进制加法计数器的最高位输出时，相对于 CP 的频率是几分频？

9.3 寄存器

寄存器中用的记忆部件是触发器，每个触发器只能存 1 位二进制码。

根据作用的不同，寄存器可分为移位寄存器和数码寄存器。数码寄存器是指存储二进制数码的时序电路组件，它具有接收和寄存二进制数码的逻辑功能。集成触发器就是可以存储 1 位二进制数的寄存器。用 n 个触发器就可以存储 n 位二进制数。

根据接收数码的方式不同，寄存器可分为单拍式和双拍式。单拍式是接收数据后直接把触发器置为相应的数据，不考虑初态。双拍式是在接收数据之前，先用复"0"脉冲把所有的触发器恢复为"0"，第二拍把触发器置为接收的数据。

9.3.1 移位寄存器

移位寄存器是数字系统和计算机中应用很广泛的基本逻辑部件，具有数码寄存和移位两种功能。在移位脉冲的作用下，数码向左移一位，则称为左移，反之则称为右移。移位寄存器有单向移位寄存器和双向移位寄存器两种，可以用 D 或 JK 触发器组成。

1. 单向移位寄存器

（1）右移寄存器

设移位寄存器的初始状态为 0000，串行输入数码 $D_I=1101$，从高位到低位依次输入。在 4 个移位脉冲作用后，输入的 4 位串行数码 1101 全部存入了寄存器中。电路的逻辑图及时序图如图 9-17 所示，状态表如表 9-6 所示。

移位寄存器中的数码可由 Q_3、Q_2、Q_1 和 Q_0 并行输出，也可从 Q_3 串行输出。串行输出时，要继续输入 4 个移位脉冲，才能将寄存器中存放的 4 位数码 1101 依次输出。

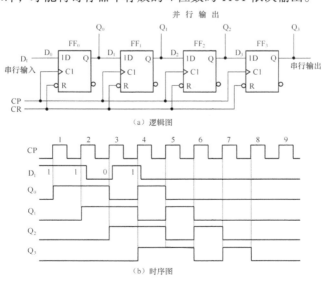

图 9-17　D 触发器组成的 4 位右移寄存器

表 9-6　　　　　　　　　　　　　　　　右移寄存器的状态表

移 位 脉 冲	输 入 数 码	输　　出			
CP	D	Q_0	Q_1	Q_2	Q_3
0	1	0	0	0	0
1	1	1	0	0	0
2	1	1	1	0	0
3	0	0	1	1	0
4	1	1	0	1	1

（2）左移寄存器

D 触发器构成的 4 位左移寄存器如图 9-18 所示。

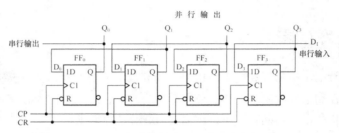

图 9-18　D 触发器构成的 4 位左移寄存器

2. 双向移位寄存器

将图 9-17 所示的右移寄存器和图 9-18 所示的左移寄存器组合起来，并引入一控制端 S 便构成既可左移又可右移的双向移位寄存器，如图 9-19 所示。

D_{SR} 为右移串行输入端，D_{SL} 为左移串行输入端。当 S=1 时，$D_0=D_{SR}$、$D_1=Q_0$、$D_2=Q_1$、$D_3=Q_2$，在 CP 脉冲作用下，实现右移操作；当 S=0 时，$D_0=Q_1$、$D_1=Q_2$、$D_2=Q_3$、$D_3=D_{SL}$，在 CP 脉冲作用下，实现左移操作。

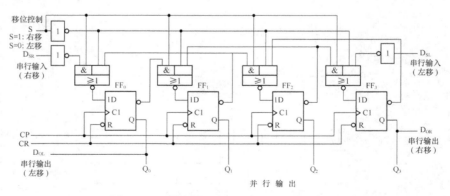

图 9-19　D 触发器组成的 4 位双向移位寄存器

9.3.2　集成移位寄存器

目前广泛应用的是集成移位寄存器，下面将简单介绍常用的集成数码寄存器和集成移位寄存器。

1. 4 位集成数码寄存器 74LSl75

图 9-20 所示是由 D 触发器组成的 4 位集成寄存器 74LSl75 的引脚图。其中，R_D 是异步清零控制端。$D_0 \sim D_3$ 是并行数据输入端，CP 为时钟脉冲端，$Q_0 \sim Q_3$ 是并行数据输出端，$\overline{Q_0} \sim \overline{Q_3}$ 是反码数据输出端。

该电路的数码接收过程为：将需要存储的 4 位二进制数码送到数据输入端 $D_0 \sim D_3$，在 CP 端送一个时钟脉冲，脉冲上升沿作用后，4 位数码并行地出现在 4 个触发器 Q 端。74LS175 的功能如表 9-7 所示。

表 9-7　　　　　　　　　　　　　　　74LS175 的功能表

清 零	时 钟	输 入				输 出				工 作 模 式
R_D	CP	D_0	D_1	D_2	D_3	Q_0	Q_1	Q_2	Q_3	
0	×	×	×	×	×	0	0	0	0	异步清零
1	↑	D_0	D_1	D_2	D_3	D_0	D_1	D_2	D_3	数码寄存
1	1	×	×	×	×	保持				数据保持
1	0	×	×	×	×	保持				数据保持

2. 4 位集成移位寄存器 74194

74194 是由 4 个触发器组成的功能很强的 4 位移位寄存器，其引脚图如图 9-21 所示。

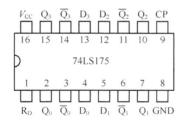

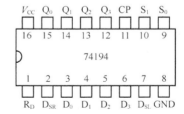

图 9-20　4 位集成寄存器 74LSl75 引脚图　　　图 9-21　集成移位寄存器 74194 的引脚图

其中，D_{SL} 和 D_{SR} 分别是左移和右移串行输入，D_0、D_1、D_2 和 D_3 是并行输入端，Q_0 和 Q_3 分别是左移和右移时的串行输出端，Q_0、Q_1、Q_2 和 Q_3 为并行输出端。

74194 的功能表见表 9-8。

表 9-8　　　　　　　　　　　　　　　74194 的功能表

输 入									输 出				工 作 模 式
清零	控制		串行输入		时钟	并行输入				输 出				
R_D	S_1	S_0	D_{SL}	D_{SR}	CP	D_0	D_1	D_2	D_3	Q_0	Q_1	Q_2	Q_3	
0	×	×	×	×	×	×	×	×	×	0	0	0	0	异步清零
1	0	0	×	×	×	×	×	×	×	Q_0^n	Q_1^n	Q_2^n	Q_3^n	保持
1	0	1	×	1	↑	×	×	×	×	1	Q_0^n	Q_1^n	Q_2^n	右移，D_{SR} 为串行输入，
1	0	1	×	0	↑	×	×	×	×	0	Q_0^n	Q_1^n	Q_2^n	Q_3 为串行输出

续表

输　　入										输　　出				工 作 模 式
清零	控制		串行输入		时钟	并行输入								
R_D	S_1	S_0	D_{SL}	D_{SR}	CP	D_0	D_1	D_2	D_3	Q_0	Q_1	Q_2	Q_3	
1	1	0	1	×	↑	×	×	×	×	Q_1^n	Q_2^n	Q_3^n	1	左移，D_{SL} 为串行输入，
1	1	0	0	×	↑	×	×	×	×	Q_1^n	Q_2^n	Q_3^n	0	Q_0 为串行输出
1	1	1	×	×	↑	D_0	D_1	D_2	D_3	D_0	D_1	D_2	D_3	并行置数

由表 9-8 可以看出 74194 具有如下功能。

① 异步清零。当 $R_D=0$ 时即刻清零，与其他输入状态及 CP 无关。

② S_1、S_0 是控制输入。当 $R_D=1$ 时 74194 有如下 4 种工作方式：

● 当 $S_1S_0=00$ 时，不论有无 CP 到来，各触发器状态不变，为保持工作状态；

● 当 $S_1S_0=01$ 时，在 CP 的上升沿作用下，实现右移（上移）操作，流向是 SR→Q_0→Q_1→Q_2→Q_3；

● 当 $S_1S_0=10$ 时，在 CP 的上升沿作用下，实现左移（下移）操作，流向是 SL→Q_3→Q_2→Q_1→Q_0；

● 当 $S_1S_0=11$ 时，在 CP 的上升沿作用下，实现置数操作：D_0→Q_0，D_1→Q_1，D_2→Q_2，D_3→Q_3。

练习题

移位寄存器有哪些主要作用？移位寄存器有几种类型？有几种输入、输出方式？4 位移位寄存器可以寄存 4 位数码，若将这些数码全部从串行输出端输出，需经过几个时钟周期？

3. 集成移位寄存器的应用

利用两片 74194 可构成 8 位双向移位寄存器，电路如图 9-22 所示。

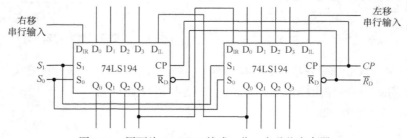

图 9-22　用两片 74LS194 接成 8 位双向移位寄存器

9.4　实验 1　寄存器的功能测试

1. 实验目的

（1）了解移位寄存器的逻辑功能及常用的集成移位寄存器。

（2）掌握移位寄存器的应用方法。

2．实验器材

数字逻辑实验箱，双踪示波器，数字万用表，元器件：74LS194、74LS00，导线若干。

3．实验步骤

（1）功能测试。

按图 9-23 所示连接电路，并按表 9-9 改变 0/1 开关逻辑值，记录输出逻辑值。表中 CP=0 表示不按 A/B 按钮，CP=1 表示 0/1 开关设定后按 A/B 按钮。

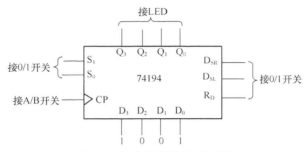

图 9-23　移位寄存器的实验线路

（2）构成环形计数器

图 9-23 中，$R_D=1$，$D_3D_2D_1D_0=0001$，Q_3 与 D_{SL} 相连。预置寄存器状态为 0001 后，使 $S_1S_0=10$，按动 A/B 按键，观察寄存器状态变化，并记录，分析其实现的功能。

表 9-9　　　　　　　　　　　　　　　　移位寄存器的实验表

$\overline{R}_D$	S_1 S_0	D_{SL} D_{SR}	CP	Q_3 Q_2 Q_1 Q_0
1	1　1	1　1	1	
0	1　1	1　1	0	
1	1　1	1　0	0	
1	1　1	1　0	1	
1	1　0	1　0	0	
1	1　0	1　0	1	
1	1　0	0　1	1	
1	0　1	0　1	0	
1	0　1	0　1	1	
1	0　1	1　0	1	
1	0　0	1　0	0	
1	0　0	1　0	1	
0	1　0	1　0	0	

4．预习与思考

（1）在送数后，若要使输出端改成另外的数码，是否一定要使寄存器清零？

（2）使寄存器清零，除采用输入低电平外，可否采用左移的方法？

5. 实验报告

（1）给出 74LS194 功能测试结论。

（2）总结移位寄存器逻辑功能，画出波形图。

9.5 实验2 计数器的功能测试

1. 实验目的

（1）熟悉集成计数器逻辑功能和各控制端作用。

（2）掌握计数器的使用方法。

2. 实验器材

双踪示波器，数字逻辑实验箱，74LS161。

3. 实验内容及步骤

（1）计数器功能测试。

① 按图 9-24 连接电路。使 0/1 开关全部为"1"，按动 A/B 开关，观察 LED 显示状态，并作记录。

② 在输出状态非全"1"情况下，L_D 端所接 0/1 开关变为"0"，观察 LED 显示状态，按动 A/B 开关后，再观察 LED 显示状态；改变预置数，再观察按动 A/B 开关前后 LED 显示状态。

③ 将 R_D 端所接 0/1 开关变为"0"，观察 LED 显示状态。

④ 使 0/1 开关全部为"1"，使能端（ET、EP）接低电平，按动 A/B 开关，观察能否实现计数。

（2）按图 9-25 连接电路，CP 接 A/B 开关，观察计数状态的变化过程，并记录该状态循环。

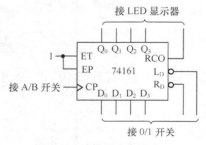

图 9-24　计数器功能测试

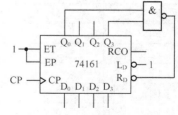

图 9-25　计数状态的变化

（3）按图 9-26 接线，测试该电路实现的逻辑功能。

4. 预习与思考

（1）熟悉芯片各引脚排列。

（2）复习构成模长 M 进制计数器的原理。

（3）实验前设计好实验所用电路，画出实验用的接线图。

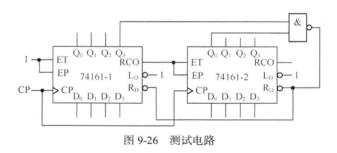

图 9-26 测试电路

5. 实验报告

（1）给出 74LS161 功能测试结论。
（2）给出图 9-25、图 9-26 电路实现的模长。
（3）总结测试过程中出现的问题及解决办法。

9.6 综合实训 抢答器的分析与设计

1. 实训目的

（1）熟悉数字系统设计的一般方法。
（2）掌握数字抢答器的设计。
（3）熟悉元器件及逻辑部件的应用。

2. 实训器材

示波器，万用表，函数发生器，元器件：74LS148、74LS192、74LS00、74LS121、共阴极数码管，导线若干。

3. 设计要求

设计一个多路智力竞赛抢答器，可同时供 8 名选手参加比赛，并具有定时抢答功能。
（1）可供 8 名选手进行抢答，每人 1 个按钮。
（2）开始抢答后，除第一抢答者的按钮外，其他抢答按钮不起作用。
（3）设置一个主持人操作的开关，有"复位"和"开始"功能，"复位"时不能抢答。
（4）主持人置开关为"开始"后，开始抢答，第一信号鉴别锁存电路得到信号后，该参赛者对应的指示灯亮，并用数码管显示抢答者的编号。
（5）设置定时电路，开始抢答后，9 秒内未抢答，自动锁定抢答器，如 9 秒内有人抢答，则锁定计数值。

4. 设计原理

（1）抢答器电路。

该电路完成两个功能。

① 分辨出选手按键的先后，并锁存优先抢答者的编号，同时译码显示电路显示编号。

② 禁止其他选手按键操作。

利用 8 线—3 线优先编码器 47LS148 实现。

（2）定时电路。

由主持人设定一次抢答的时间，通过预置时间电路对计数器进行预置，计数器的时钟脉冲由秒脉冲电路提供。

可预置时间的电路选用十进制同步加减计数器 74LS192 进行设计。

（3）时序控制电路。

时序控制电路是抢答器设计的关键，它要完成以下 3 项功能。

① 主持人将控制开关拨到"开始"位置时，扬声器发声，抢答电路和定时电路进入正常抢答工作状态。

② 当参赛选手按动抢答键时，扬声器发声，抢答电路和定时电路停止工作。

③ 当设定的抢答时间到，无人抢答时，扬声器发声，同时抢答电路和定时电路停止工作。

抢答器的原理图如图 9-27 所示。

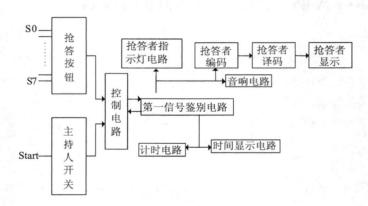

图 9-27　抢答器的原理图

5．实训内容步骤

（1）设计定时抢答器的整机逻辑电路图；画出定时抢答器的所有电路原理图和整机 PCB 图。

（2）组装调试抢答器电路。

（3）设计可预置时间的定时电路，并进行组装和调试：当输入 1Hz 的时钟脉冲信号时，要求电路能进行减计时；当减计时到零时，能输出低电平有效的定时时间到信号。

（4）定时抢答器电路联调。注意各部分电路之间的时序配合关系，然后检查电路各部分的功能，使其满足设计要求。

6．预习要求

（1）在数字抢答器中，如何将序号为 0 的参赛者编号，在七段数码管上改为显示 8？

（2）定时抢答器的扩展功能还有哪些？请举例说明，并设计电路。

（3）定时抢答器中，有哪些电路会产生脉冲干扰？应该如何消除干扰？

9.7 数字电路原理图的识图

数字逻辑电路的读图步骤和其他电路是相同的，只是在进行电路分析时处处要用逻辑分析的方法。读图时要：

- 先大致了解电路的用途和性能；
- 找出输入端、输出端和关键部件，区分开各种信号并弄清信号的流向；
- 逐级分析输出与输入的逻辑关系，了解各部分的逻辑功能；
- 最后统观全局得出分析结果。

1. 智力竞赛的 3 路抢答器电路

图 9-28 所示为智力竞赛用的 3 路抢答器电路。裁判按下开关 SA_4，触发器全部被置零，进入准备状态。这时 $Q_1 \sim Q_3$ 均为 1，抢答灯不亮；门 1 和门 2 输出为 0，门 3 和门 4 组成的音频振荡器不振荡，扬声器无声。

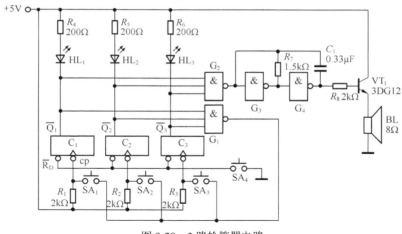

图 9-28　3 路抢答器电路

竞赛开始后，假定 1 号台抢先按下 SA_1，触发器 G_1 翻转成 $Q_1=1$、$\overline{Q_1}=0$。于是：①门 G_2 输出为 1，振荡器振荡，扬声器发声；②HL_1 灯点亮；③门 G_1 输出为 1，这时 2 号、3 号台再按开关也不起作用。裁判宣布竞赛结果后，再按一下 SA_4，电路又进入准备状态。

2. 彩灯追逐电路

图 9-29 所示为 4 位移位寄存器控制的彩灯追逐电路。开始时按下 SA，触发器 $C_1 \sim C_4$ 被置成 1000，彩灯 HL_1 被点亮。CP 脉冲来到后，寄存器移 1 位，触发器 $C_1 \sim C_4$ 成 0100，彩灯 HL_2 点亮。第 2 个 CP 脉冲点亮 HL_3，第 3 个 CP 点亮 HL_4，第 4 个 CP 又把触发器 $C_1 \sim C_4$ 置成 1000，又点亮 HL_1。如此循环往复，彩灯不停闪烁。只要增加触发器可使灯数增加，可通过改变 CP 的频率来改变速度。

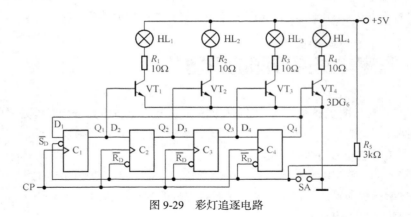

图 9-29　彩灯追逐电路

9.8　本章小结

（1）时序逻辑电路的分析步骤一般为：观察逻辑电路图→求驱动方程、状态方程、输出函数→作状态表、状态图、时序波形图→描述逻辑功能。

（2）计数器是一种简单而又最常用的时序逻辑器件，在计算机和其他数字系统中起着非常重要的作用。计数器不仅能用于统计输入时钟脉冲的个数，还能用于分频、定时、产生节拍脉冲等。

（3）寄存器是一种常用的时序逻辑器件，分为数码寄存器和移位寄存器两种。移位寄存器又分为单向移位寄存器和双向移位寄存器。集成移位寄存器具有使用方便、功能全、输入和输出方式灵活等优点。用移位寄存器可实现数据的串行—并行转换、组成环形计数器、扭环形计数器、顺序脉冲发生器等。

9.9　习题

1. 试画出 74194 构成 8 位并行→串行码的转换电路。

2. 用 4 个 D 触发器设计异步二进制加法计数器。

3. 寄存器和移位寄存器有哪些异同点？

4. 单向移位寄存器和双向移位寄存器有哪些异同点？

5. 二进制计数器和十进制计数器有哪些异同点？

6. 分析如图 9-30 所示电路的逻辑功能。

（1）写出各触发器的状态方程。

（2）画出电路的状态转换图及波形图。

（3）说出电路的名称。

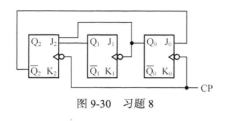

图 9-30　习题 8

第10章
555 定时器

在数字电路或系统中，常常需要各种脉冲波形，如时钟脉冲、控制过程的定时信号等。这些脉冲波形既可利用脉冲信号发生电路直接产生，还可通过对已有信号进行变换或整形得到。555 定时器是一种广泛应用的中规模集成电路，可用于实现脉冲波形的产生和整形。

本章学习目标

- 掌握 555 定时器电路结构特点及功能；
- 掌握 555 定时器构成的施密特触发器、单稳态触发器、多谐振荡器的电路及功能；
- 了解 555 定时器的应用。

10.1 555 定时器电路及功能

555 定时器是一种模拟和数字功能相结合的中规模集成器件，可广泛应用于波形的产生与变换、测量与控制、家用电器和电子玩具等许多领域。

根据其内部组成的不同，555 定时器可分为双极型（称为 555，如 NE555 或 5G555）和 CMOS（称为 7555，如 C7555S）两种类型，它们的结构、工作原理以及外部引脚排列基本相同。一般双极型定时器具有较大的驱动能力，而 CMOS 定时电路具有低功耗、输入阻抗高等优点。

555 定时器工作的电源电压很宽，可承受较大的负载电流。双极型定时器的电源电压范围为 5 ~ 16 V，最大负载电流可达 200 mA；CMOS 定时器的电源电压变化范围为 3 ~ 18 V，最大负载电流在 4mA 以下。

10.1.1 555 定时器的电路结构与工作原理

555 定时器是目前应用最多的一种时基电路。为了更好地使用 555 定时器，我们先来认识 555 定时器的电路结构与工作原理。

1. 555 定时器内部结构

555 定时器的电气原理图和电路符号如图 10-1 所示，其结构分为 4 部分：

- 由 3 个阻值为 5kΩ 的电阻组成的分压器；
- 两个电压比较器 C_1 和 C_2：$v_+ > v_-$，$v_o=1$；$v_+ < v_-$，$v_o=0$；
- 基本 RS 触发器；
- 放电三极管 VT 及缓冲器 G。

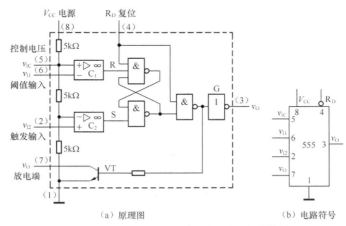

图 10-1　555 定时器的电气原理图和电路符号

2. 工作原理

当 5 脚悬空时，比较器 C_1 和 C_2 的比较电压分别为 $\frac{2}{3}V_{CC}$ 和 $\frac{1}{3}V_{CC}$。

① 当 $v_{I1} > \frac{2}{3}V_{CC}$，$v_{I2} > \frac{1}{3}V_{CC}$ 时，比较器 C_1 输出低电平，C_2 输出高电平，基本 RS 触发器被置 **0**，放电三极管 VT 导通，输出端 v_O 为低电平。

② 当 $v_{I1} < \frac{2}{3}V_{CC}$，$v_{I2} < \frac{1}{3}V_{CC}$ 时，比较器 C_1 输出高电平，C_2 输出低电平，基本 RS 触发器被置 1，放电三极管 VT 截止，输出端 v_O 为高电平。

③ 当 $v_{I1} < \frac{2}{3}V_{CC}$，$v_{I2} > \frac{1}{3}V_{CC}$ 时，比较器 C_1 输出高电平，C_2 也输出高电平，即基本 RS 触发器 R=1，S=1，触发器状态不变，电路亦保持原状态不变。

当阈值输入端（v_{I1}）为高电平（$> \frac{2}{3}V_{CC}$）时，定时器输出低电平，因此也将该端称为高触发端（TH）；当触发输入端（v_{I2}）为低电平（$< \frac{1}{3}V_{CC}$）时，定时器输出高电平，因此也将该端称为低触发端（TL）。

如果在电压控制端（5 脚）施加一个外加电压（其值在 $0 \sim V_{CC}$ 之间），比较器的参考电压将发生变化，电路相应的阈值、触发电平也将随之变化，并进而影响电路的工作状态。另外，R_D 为复位输入端，当 R_D 为低电平时，不管其他输入端的状态如何，输出 v_O 为低电平，即 R_D 的控制级别最高。正常工作时，一般应将 R_D 接高电平。

10.1.2 555 定时器的功能

根据以上分析，可以概括 555 定时器的逻辑功能如表 10-1 所示。

表 10-1 555 定时器的逻辑功能

阈值输入（v_{I1}）	触发输入（v_{I2}）	复位（R_D）	输出（v_O）	放电管 VT
×	×	0	0	导通
$<\frac{2}{3}V_{CC}$	$<\frac{1}{3}V_{CC}$	1	1	截止
$>\frac{2}{3}V_{CC}$	$>\frac{1}{3}V_{CC}$	1	0	导通
$<\frac{2}{3}V_{CC}$	$>\frac{1}{3}V_{CC}$	1	不变	不变

练习题

555 定时器由哪几部分组成？各部分的作用是什么？

10.2 施密特触发器

施密特触发器（Schmitt Trigger）是经常使用的脉冲波形变换电路，是一种双稳态触发器，有 0 和 1 两个稳定状态，具有以下两个重要的特性：

● 施密特触发器是一种电平触发器，它能将变化缓慢的信号（如正弦波、三角波及各种周期性的不规则波形）变换为边沿陡峭的矩形波；

● 输入信号从低电平上升的过程中，电路状态转换时对应的触发转换电平（阈值电平），与输入信号从高电平下降的过程中对应的触发转换电平是不同的，即电路具有回差特性。

1. 施密特触发器的电路组成及工作原理

555 定时器构成施密特触发器的电路如图 10-2（a）所示，将两个输入端 v_{I1} 和 v_{I2} 接在一起作为触发电平输入。

工作过程分析：

● $v_I=0V$ 时，v_{O1} 输出高电平；

● 当 v_I 上升到 $\frac{2}{3}V_{CC}$ 时，v_{O1} 输出低电平；当 v_I 由 $\frac{2}{3}V_{CC}$ 继续上升，v_{O1} 保持不变；

● 当 v_I 下降到 $\frac{1}{3}V_{CC}$ 时，电路输出跳变为高电平，而且在 v_I 继续下降到 0V 时，电路的这种状态不变。

图 10-2 中，R、V_{CC2} 构成另一输出端 v_{O2}，其高电平可以通过改变 V_{CC2} 进行调节。

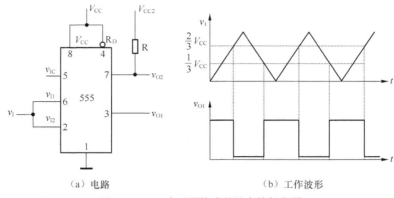

（a）电路　　　　　　　　　　　　（b）工作波形

图 10-2　555 定时器构成的施密特触发器

2. 施密特触发器的电压滞回特性和主要参数

施密特触发器的电路符号和电压滞回特性分别如图 10-3 和图 10-4 所示。

图 10-3　施密特触发器的电路符号

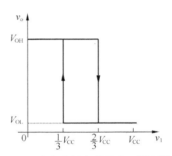

图 10-4　施密特触发器的电压滞回特性

施密特触发器的主要静态参数如下。

（1）上限阈值电压 V_{T+}

在 v_I 上升过程中，输出电压 v_O 由高电平 V_{OH} 跳变到低电平 V_{OL} 时所对应的输入电压值，$V_{T+}=\dfrac{2}{3}V_{CC}$。

（2）下限阈值电压 V_{T-}

v_I 下降过程中，v_O 由低电平 V_{OL} 跳变到高电平 V_{OH} 时，所对应的输入电压值，$V_{T-}=\dfrac{1}{3}V_{CC}$。

（3）回差电压 ΔV_T

回差电压又叫滞回电压，定义为 $\Delta V_T=V_{T+}-V_{T-}=\dfrac{1}{3}V_{CC}$。

若在电压控制端 V_{IC}（5 脚）外加电压 V_S，则将有 $V_{T+}=V_S$、$V_{T-}=V_S/2$、$\Delta V_T=V_S/2$，而且当 V_S 的值改变时，它们的值也随之改变。

练习题

（1）为什么说施密特触发器是一种双稳态触发器？它与第 8 章介绍的触发器有什么区别？

（2）施密特触发器的回差电压是什么？

（3）施密特触发器的主要作用是什么？

10.3 单稳态触发器

单稳态触发器被广泛用于脉冲整形、延时（产生滞后于触发脉冲的输出脉冲）以及定时（产生固定时间宽度的脉冲信号）等方面。单稳态触发器的暂稳态通常是靠 RC 电路的充、放电过程来维持的，RC 电路可接成两种形式：微分电路和积分电路。

单稳态触发器的工作特性如下：

- 电路有一个稳定状态和一个暂稳状态；
- 在外加触发信号的作用下，电路才能从稳定状态翻转到暂稳态；
- 暂稳态维持一段时间后，电路将自动返回到稳定状态；暂稳态的持续时间与外加触发信号无关，仅取决于电路本身的参数。

1. 单稳态触发器的电路组成及工作原理

图 10-5 所示为用 555 定时器组成单稳态触发器的电路及工作波形。该电路的主要特点是引脚 2 要输入负触发脉冲。

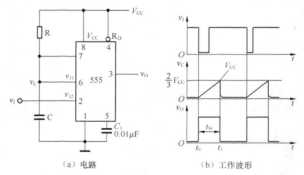

(a) 电路　　　　(b) 工作波形

图 10-5　用 555 定时器构成的单稳态触发器

工作过程分析如下。

（1）无触发信号输入时电路工作在稳定状态

当电路无触发信号时，v_I 保持高电平，电路工作在稳定状态，即输出端 v_O 保持低电平，555 内放电三极管 VT 饱和导通，管脚 7 "接地"，电容电压 v_C 为 0V。

（2）v_I 下降沿触发

当 v_I 下降沿到达时，555 触发输入端（2 脚）由高电平跳变为低电平，电路被触发，v_O 由低电平跳变为高电平，电路由稳态转入暂稳态。

（3）暂稳态的维持时间

在暂稳态期间，555 内放电三极管 VT 截止，V_{CC} 经 R 向 C 充电。其充电回路为 $V_{CC} \rightarrow R \rightarrow C$ $\rightarrow$ 地，时间常数 $\tau_1 = RC$，电容电压 v_C 由 0V 开始增大，在电容电压 v_C 上升到阈值电压 $\frac{2}{3}V_{CC}$ 之前，电路将保持暂稳态不变。

（4）自动返回（暂稳态结束）时间

当 v_C 上升至阈值电压 $\frac{2}{3}V_{CC}$ 时，输出电压 v_O 由高电平跳变为低电平，555 内放电三极管 VT 由截止转为饱和导通，管脚 7 "接地"，电容 C 经放电三极管对地迅速放电，电压 v_C 由 $\frac{2}{3}V_{CC}$ 迅速降至 0V（放电三极管的饱和压降），电路由暂稳态重新转入稳态。

（5）恢复过程

当暂稳态结束后，电容 C 通过饱和导通的三极管 VT 放电，时间常数 $\tau_2 = R_{CES}C$，其中 R_{CES} 是 VT 的饱和导通电阻，其阻值非常小，因此 τ_2 之值亦非常小。经过（3～5）τ_2 后，电容 C 放电完毕，恢复过程结束。

恢复过程结束后，电路返回到稳定状态，单稳态触发器又可以接收新的触发信号。

2. 单稳态触发器的主要参数

（1）输出脉冲宽度 t_W

输出脉冲宽度是暂稳态的维持时间，也就是定时电容的充电时间。单稳态触发器输出脉冲宽度 t_W 仅取决于定时元件 R、C 的取值，与输入触发信号和电源电压无关，调节 R、C 的取值，即可方便的调节 t_W。

（2）恢复时间 t_{re}

一般取 $t_{re} = （3～5）\tau_2$，即认为经过 3～5 倍的时间常数电容就放电完毕。

（3）最高工作频率 f_{max}

若输入触发信号 v_I 是周期为 T 的连续脉冲，单稳态触发器的最高工作频率应为：

$$f_{max} = \frac{1}{T_{min}} = \frac{1}{t_W + t_{re}}$$，其中 T_{min} 为 v_I 周期的最小值，$T_{min} = t_W + t_{re}$。

练习题

（1）单稳态触发器的暂态和稳态各是什么状态？暂态和稳态间是如何转换的？

（2）单稳态触发器的主要作用是什么？

10.4　多谐振荡器

多谐振荡器是一种自激振荡器，没有稳定状态，不需要外加触发信号，只要接通电源就能自动产生矩形脉冲信号。因此它又称作无稳态电路，常用作脉冲信号源。

1. 多谐振荡器的电路组成及工作原理

图 10-6 所示为用 555 定时器组成多谐振荡器时的电路及工作波形。该电路主要特征是无输入信号。工作过程分析如下。

（1）第一种暂态（$Q=1$，$\overline{Q}=0$）

当 $Q=1$ 时，$\overline{Q}=0$，放电三极管 VT 截止，电容 C 通过电阻 R_1 和 R_2 开始充电，充电时间常数取决于（R_1+R_2）与 C 的乘积。在电容充电期间，只要满足 $\frac{1}{3}V_{CC} < v_C < \frac{2}{3}V_{CC}$，则 $R_D = S_D = 1$，故能保持 $Q=1$ 的状态不变。

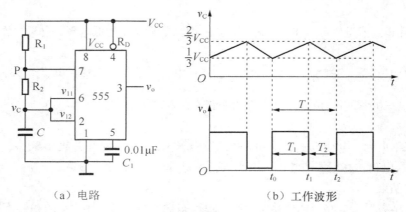

（a）电路　　　　　　　　　（b）工作波形

图 10-6　用 555 定时器构成的多谐振荡器

当电容充电至 v_c 稍大于 $\frac{2}{3}V_{CC}$ 时，电压比较器 C_1 的输出变为 0，而比较器 C_2 的输出仍为 1，此时 $R_D=0$，$S_D=1$，触发器翻转为 Q=0 的状态，即进入第二种暂态。

（2）第二种暂态（$Q=0$，$\bar{Q}=1$）

当 Q=0 时，$\bar{Q}=1$，放电三极管 VT 饱和导通，电容 C 停止充电并通过电阻 R_2 和 VT 开始放电，放电时间常数取决于 R_2 与 C 的乘积。在电容放电期间，只要满足 $\frac{1}{3}V_{CC}<v_c<\frac{2}{3}V_{CC}$，则 $R_D=S_D=1$，故能保持 Q=1 的状态不变。

当电容放电至 v_c 稍小于 $\frac{1}{3}V_{CC}$ 时，电压比较器 C_2 的输出变为 0，而比较器 C_1 的输出仍为 1，此时 $R_D=1$，$S_D=0$，触发器翻转为 Q=1 的状态，即返回到第一种暂态。

总之，多谐振荡器在工作时，电容在不断充放电，当电容充电到 $\frac{2}{3}V_{CC}$ 时，触发器翻转为 Q=1；当电容放电到 $\frac{1}{3}V_{CC}$ 时，触发器翻转为 Q=0。触发器在 1 和 0 两个状态之间反复转换，输出周期性变化的矩形波。

2. 振荡频率的估算

（1）电容充电时间 T_1

电容充电时，时间常数 $\tau_1=（R_1+R_2）C$，起始值 $v_C（0^+）=\frac{1}{3}V_{CC}$，终了值 $v_C（\infty）=V_{CC}$，转换值 $v_C（T_1）=\frac{2}{3}V_{CC}$，带入 RC 过渡过程计算公式进行计算：

$$T_1 = \tau_1 \ln \frac{v_C(\infty)-v_C(0^+)}{v_C(\infty)-v_C(T_1)}$$

$$= \tau_1 \ln \frac{V_{CC}-\frac{1}{3}V_{CC}}{V_{CC}-\frac{2}{3}V_{CC}}$$

$$= \tau_1 \ln 2 = 0.7(R_1+R_2)C$$

（2）电容放电时间 T_2

电容放电时，时间常数 $\tau_2=R_2C$，起始值 $v_C(0^+)=\dfrac{2}{3}V_{CC}$，终了值 $v_C(\infty)=0$，转换值 $v_C(T_2)$ $=\dfrac{1}{3}V_{CC}$，带入 RC 过渡过程计算公式进行计算：

$$T_2 = 0.7R_2C$$

（3）电路振荡周期 T

$$T=T_1+T_2=0.7(R_1+2R_2)C$$

（4）电路振荡频率 f

$$f=\frac{1}{T}\approx\frac{1.43}{(R_1+2R_2)C}$$

（5）输出波形占空比 q

$q=T_1/T$，即脉冲宽度与脉冲周期之比，称为占空比。

3. 占空比可调的多谐振荡器电路

在图 10-6 所示电路中，由于电容 C 的充电时间常数 $\tau_1=(R_1+R_2)C$，放电时间常数 $\tau_2=R_2C$，所以 T_1 总是大于 T_2，v_O 的波形不仅不可能对称，而且占空比 q 也不易调节。利用半导体二极管的单向导电特性，把电容 C 充电和放电回路隔离开来，再加上一个电位器，便可构成占空比可调的多谐振荡器，如图 10-7 所示。

由于二极管的引导作用，电容 C 的充电时间常数 $\tau_1=R_1C$，放电时间常数 $\tau_2=R_2C$。通过与上面相同的分析计算过程可得：$T_1=0.7R_1C$，$T_2=0.7R_2C$，占空比 $q=\dfrac{T_1}{T}=\dfrac{T_1}{T_1+T_2}=\dfrac{R_1}{R_1+R_2}$。只要改变电位器滑动端的位置，

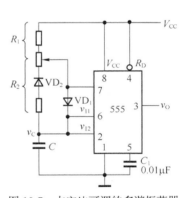

图 10-7　占空比可调的多谐振荡器

就可以方便地调节占空比 q，当 $R_1=R_2$ 时，$q=0.5$，v_O 就成为对称的矩形波。

练习题

（1）如何计算多谐振荡器输出信号的振荡周期？

（2）多谐振荡器的主要作用是什么？

10.5　555 定时器的应用

555 定时器成本低，性能可靠，只需要外接几个电阻、电容，就可以实现多谐振荡器、单稳态触发器及施密特触发器等脉冲产生与变换电路。

图 10-8 所示为利用多谐振荡器构成的简易温控报警电路，利用 555 构成可控音频振荡电路，用扬声器发声报警，可用于火警或热水温度报警，电路简单、调试方便。图中晶体管 VT 可选用锗管 3AX31、3AX81 或 3AG 类，也可选用 3DU 型光敏管。3AX31 等锗管在常温下，集电极和发射极之间的穿透电流 I_{CEO} 一般在 $10\sim50\mu A$，且随温度升高而增大较快。当温度低于设定温度值

时，晶体管 VT 的穿透电流 I_{CEO} 较小，555 复位端 R_D（4 脚）的电压电路工作在复位状态，多谐振荡器停振，扬声器不发声；当温度升高到设定温度值时，晶体管 VT 的穿透电流 I_{CEO} 较大，555 复位端 R_D 的电压升高到解除复位状态之电位，多谐振荡器开始振荡，扬声器发出报警声。

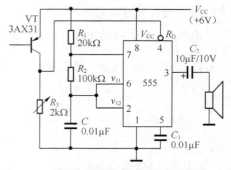

图 10-8　多谐振荡器用作简易温控报警电路

需要指出的是，不同的晶体管，其 I_{CEO} 值相差较大，故需改变 R_1 的阻值来调节控温点。方法是先把测温元件 VT 置于要求报警的温度下，调节 R_1 使电路发出报警声。报警的音调取决于多谐振荡器的振荡频率，由元件 R_2、R_3 和 C_1 决定，通过改变这些元件值，可改变音调，但要求 R_2 大于 1kΩ。

10.6　实训　555 定时器的设计应用

1．实训目的

（1）掌握 555 集成定时器构成应用电路的方法。

（2）学会使用双迹示波器测量脉冲波形的幅度、宽度和周期、频率，会计算矩形的占空比。

2．实训器材

数字逻辑实验箱，双迹示波器，万用表，元器件：NE555、LM324、DW7（稳定电压为 6 V）、二极管、电阻、电容、金属细线等。

3．实训内容

（1）过压监测电路（见图 10-9）。

简要说明工作原理，写出实验步骤，估算出被监测电压 U_X 的监测值和闪光频率。

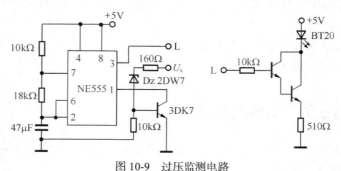

图 10-9　过压监测电路

（2）门铃控制电路（见图 10-10）。

简要说明工作原理及实验步骤，测量输出脉冲波形的频率和幅度。

（3）防盗报警电路。

用 NE555、电阻、电容、扬声器、金属细线、LM324 设计一个防盗报警电路（注：LM324

用否均可）。

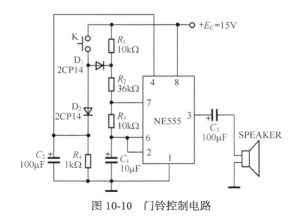

图 10-10　门铃控制电路

要求：把金属细线放在门、窗以及防盗物品上，当盗窃者作案时，一旦弄断金属细线，扬声器发出 2Hz 左右的单音报警信号。

4．预习要求

（1）复习 555 定时器的结构和工作原理。

（2）简要分析各实验电路的工作原理和实验步骤。

（3）估算出实验所需要的理论值和理论波形。

（4）画出防盗报警电路的电路图，分析其工作原理。

5．实训报告

（1）比较电压监测电路和门铃控制电路有哪些相同之处和不同之处。

（2）整理实验数据及结果，绘出实测波形图。

（3）将实测值与理论值比较，分析误差原因。

10.7　本章小结

（1）555 定时器是一种用途很广的集成电路，除了能组成施密特触发器、单稳态触发器和多谐振荡器以外，还可以接成各种灵活多变的应用电路。除了 555 定时器外，目前还有 556（双定时器）和 558（四定时器）等。

（2）施密特触发器是一种双稳态触发器，常用于脉冲整形。

（3）单稳态触发器与施密特触发器一样，可以把其他形状的信号变换成为矩形波，为数字系统提供标准的脉冲信号。

（4）多谐振荡器是一种自激振荡电路，不需要外加输入信号，就可以自动地产生出矩形脉冲。

10.8 习题

1. 斯密特触发器属于_____稳态电路。斯密特触发器的主要用途有_____、_____、_____等。

2. 单稳态触发器在触发脉冲的作用下，以_____态转换到_____态。依靠_____作用，又能自动返回到_____态。

3. 多谐振荡器电路没有_____电路，电路不停地在_____之间转换，因此又称_____。

4. 555定时电路是一种功能强、使用灵活、适用范围宽的电路，可用作_____等。

5. 多谐振荡器是一种自激振荡器，能产生（   ）。

  A. 矩形波   B. 三角波   C. 正弦波   D. 尖脉冲

6. 单稳态触发器一般不适用于（   ）电路。

  A. 定时   B. 延时

  C. 脉冲波形整形   D. 自激振荡产生脉冲信号

7. 施密特触发器一般不适用于（   ）电路。

  A. 延时   B. 波形变换   C. 脉冲波形整形 D. 幅度鉴定

8. 图10-11所示为由555定时器构成的施密特触发器，当输入信号为图示周期性心电波形时，试画出经施密特触发器整形后的输出电压波形。

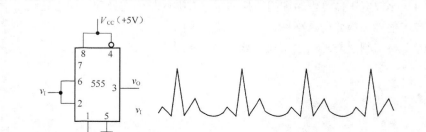

图10-11 习题8

9. 555定时器主要由哪几部分构成？各部分的作用是什么？

10. 如何调节555定时器构成施密特触发器的回差电压？

11. 多谐振荡器的振荡频率主要取决于哪些元件的参数？为什么？

12. 555定时器构成的多谐振荡器在振荡周期不变的情况下，如何改变输出脉冲宽度？

13. 单稳态触发器输出脉宽主要取决于哪些元件的参数？为什么？

第11章

D/A 与 A/D 转换器

在现代控制、通信及检测领域中，广泛采用了数字计算机技术来处理信号。由于系统的实际处理对象往往是一些模拟量，如温度、压力、位移、图像等，需要将模拟量转换为数字量，才能使计算机或数字仪表识别和处理这些信号，而经计算机分析、处理后输出的数字量也需要转换成模拟量才能为执行机构所接收。因此，在模拟信号和数字信号之间需要一种起桥梁作用的电路，这就是本章将要讲述的 D/A 与 A/D 转换器。

能将模拟信号转换成数字信号的电路称为模/数转换器（简称 A/D 转换器或 ADC）；而将能把数字信号转换成模拟信号的电路称为数/模转换器（简称 D/A 转换器或 DAC）。A/D 转换器和 D/A 转换器已经成为计算机系统中不可或缺的接口电路。

本章学习目标

- 了解 A/D、D/A 转换器的作用；
- 掌握 A/D、D/A 转换的原理方法；
- 了解 A/D、D/A 转换器的主要技术参数。

11.1 D/A 转换器

D/A 转换器的功能是将数字信号转换为模拟信号（电压或电流）。

11.1.1 DAC 的基本原理

我们首先分析一下 DAC 的基本原理。

1. DAC 的基本概念

一个 n 位二进制数 $D_{n-1}D_{n-2}\cdots D_1D_0$ 可以用其按权展开式表示为

$$(D_{n-1}D_{n-2}\cdots D_1D_0)_2 = D_{n-1}2^{n-1} + D_{n-2}2^{n-2} + \cdots D_1 2^1 + D_0 2^0$$

从最高位 D_{n-1}（Most Significant Bit，MSB）到最低位 D_0（Least Significant Bit，LSB）的权依次为 2^{n-1}，2^{n-2}，$\cdots$，2^1，2^0。

DAC 的输入是数字量，输出为模拟量，输出 u_o 应与输入数字量的大小成正比，故有

$$u_o=K\left(D_{n-1}2^{n-1}+D_{n-2}2^{n-2}+\cdots D_1 2^1+D_0 2^0\right)$$

也就是说，将表示数字量的有权码每 1 位的代码按其权的大小转换成相应的模拟量，然后将这些模拟量相加，即可得到与数字量成正比的总模拟量，从而实现了 D/A 转换。

图 11-1 所示为一个输入为 3 位二进制数时 D/A 转换器的转换特性，它形象地反映了 D/A 转换器的基本功能。

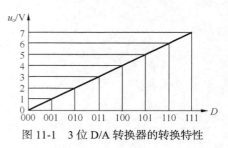

图 11-1　3 位 D/A 转换器的转换特性

2. DAC 的基本组成

D/A 转换器一般由变换网络和模拟电子开关组成。输入 n 位数字量 D（$=D_{n-1}\cdots D_1 D_0$）分别控制这些电子开关，通过变换网络产生与数字量各位权对应的模拟量，通过加法电路输出与数字量成比例的模拟量。下面我们将介绍相应的电路。

11.1.2　变换网络

变换网络一般有权电阻变换网络、R-2RT 型电阻变换网络和权电流型变换网络等几种。

1. 权电阻变换网络

权电阻变换网络如图 11-2 所示。每一个电子开关 S_i 所接的电阻 R_i 等于 $2^{n-1-i}R$（$i=0 \sim n-1$），即与二进制数的位权相似，$R_0=2^{n-1}R$，$R_{n-1}=R$。对应二进制位 $D_i=1$ 时，电子开关 S_i 合上，R_i 上流过的电流 $I_i=V_{REF}/R_{i}$。

令 $V_{REF}/2^{n-1}R=I_{REF}$，则有 $I_i=2^i I_{REF}$，即 R_i 上流过对应二进位权倍的基准电流，R_i 称为权电阻。权电阻网络中的电阻从 R 到 $2^{n-1}R$ 成倍增大，位数越多阻值越大，很难保证精度。

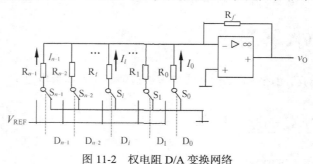

图 11-2　权电阻 D/A 变换网络

2. R-2RT 型电阻变换网络

R-2RT 型电阻网络中串联臂上的电阻为 R，并联臂上的电阻为 $2R$，如图 11-3 所示。从每个并

联臂 2R 电阻往后看，电阻都为 2R，即流过每个与电子开关 S_i 相连的 2R 电阻的电流 I_i 是前级电流 I_{i+1} 的一半。因此，$I_i=2^iI_0=2^iI_{REF}/2^n$，即与二进制 i 位权成正比。

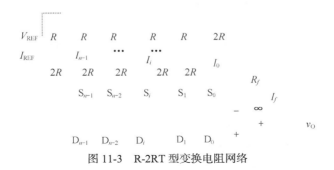

图 11-3 R-2RT 型变换电阻网络

3. 权电流型变换网络

R-2RT 型电阻变换网络虽然只有两个电阻值，有利于提高转换精度，但其电子开关并非是理想器件，模拟开关的压降以及各开关参数的不一致都会引起转换误差。采用恒流源权电流能克服这些缺陷，集成 D/A 变换器一般采用这种变换方式。图 11-4 所示为 4 位权电流型 D/A 变换器的示意图。高位电流是低位电流的倍数，即各二进制位所对应的电流为其权乘最低位电流。

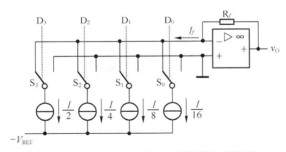

图 11-4 4 位权电流型 D/A 变换器的示意图

11.1.3 模拟开关

在 D/A 变换器中，使用了各种电子模拟开关，有双极型晶体管的，也有 MOS 管的。模拟开关在输入数字信号（D_i）的控制下，使变换网络中相应支路在基准电源和地之间或在运算放大器输入（虚地）和地之间切换。

理想模拟开关要求在接通时压降为 0 V，断开时电阻无穷大。而双极型晶体管在饱和导通时管压降很小，截止时有很大的截止电阻，因此可用作理想模拟开关。

11.1.4 D/A 转换器的主要技术指标

D/A 转换器的主要技术指标包括转换精度、转换速度和温度系数等。

1. 转换精度

D/A 转换器的转换精度通常用分辨率和转换误差来描述。

（1）分辨率

分辨率是 D/A 转换器在理论上可达到的精度，定义为电路能分辨的最小输出（ΔV）和满度输出（V_m）之比。

$$分辨率 = \frac{1}{2^n - 1}$$

D/A 变换器的位数 n 表示了分辨率，分辨率也可以用数字位数表示。输入数字量位数越多，输出电压可分离的等级越多，即分辨率越高。

（2）转换误差

转换误差的来源很多，如转换器中各元件参数值的误差，基准电源不够稳定和运算放大器零漂的影响等。

转换误差用以说明 D/A 转换器实际上能达到的转换精度。转换误差可用满度值的百分数表示，也可用 LSB 的倍数表示，如转换误差为（1/2）LSB，表示绝对误差为ΔV/2。

D/A 转换器的绝对误差（或绝对精度）是指输入端加入最大数字量（全 1）时，D/A 转换器的理论值与实际值之差。该误差值应低于 LSB/2。

2. 转换速度

（1）建立时间 t_{set}

建立时间是指输入数字量变化时，输出电压变化到相应稳定电压值所需时间。一般用 D/A 转换器输入的数字量 NB 从全 0 变为全 1 时，输出电压达到规定的误差范围（±LSB/2）时所需时间来表示。D/A 转换器的建立时间较快，单片集成 D/A 转换器建立时间最短可达 0.1μs 以内。

（2）转换速率 SR

转换速率是指大信号工作状态模拟输出电压的最大变化率，通常以 V/μs 为单位。它反映了电压型输出的 DAC 中输出运算放大器的特性。

3. 温度系数

温度系数是指在输入不变的情况下，输出模拟电压随温度变化产生的变化量。一般用满刻度输出条件下温度每升高 1℃，输出电压变化的百分数作为温度系数。

11.1.5 集成 D/A 转换器

单片集成 D/A 转换器的产品种类繁多，按其内部电路结构不同一般可分为两类：一类集成芯片内部只集成了转换网络和模拟电子开关；另一类则集成了组成 D/A 转换器的所有电路。AD7520 十位 D/A 转换器就属于前一类集成 D/A 转换器。

AD7520 芯片内部只含 R-2R 电阻网络、CMOS 电子开关和反馈电阻（R_f=10kΩ）。应用 AD7520 时必须外接参考电源和运算放大器，其引脚图如图 11-5 所示，各引脚的含义是：$D_0 \sim D_9$ 为数据输入端，I_{OUT1} 为电流输出端 1，I_{OUT2} 为电流输出端 2，R_F 为 10kΩ反馈电阻引出端，V_{CC} 为电源输入端，V_{REF} 为基准电压输入端，GND 为地。

由 AD7520 内部反馈电阻组成的 D/A 转换器如图 11-6 所示，虚框是 AD7520 的内部电路。

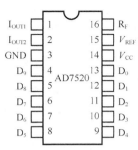

图 11-5　AD7520 的引脚图

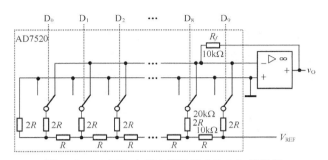

图 11-6　AD7520 内部电路及组成的 D/A 转换器

练习题

（1）D/A 转换器的作用是什么？

（2）所谓 n 位 D/A 转换器，n 代表什么？它与分辨率、转换精度有何关系？

11.2　A/D 转换器

A/D 转换是将时间连续和幅值连续的模拟量转换为时间离散、幅值也离散的数字量，一般要经过采样、保持、量化及编码 4 个过程。但在实际电路中，有些过程是合并进行的，如采样和保持，量化和编码在转换过程中也是同时实现的。

11.2.1　采样和保持

采样就是对模拟信号周期性地抽取样值，使模拟信号变成时间上离散的脉冲串，但其幅值仍取决于采样时间内输入模拟信号的大小。采样频率 f_S（$1/T_s$）越高，采样越密，采样值就越多，其采样信号的包络线就越接近于输入信号的波形。

由于进行 A/D 转换需要一定的时间，在这段时间内输入值需要保持稳定，因此，必须有保持电路维持采样所得的模拟值。采样和保持通常是通过采样—保持电路同时完成的。为使采样后的信号能够还原模拟信号，根据取样定理，采样频率 f_S 必须大于或等于 2 倍输入模拟信号的最高频率 f_{Imax}，

$$f_S \geqslant 2f_{Imax}$$

即两次采样时间间隔不能大于 $1/f_S$，否则将失去模拟输入的某些特征。

图 11-7 所示为采样—保持电路的原理图，图中采样电子开关 S 受采样信号 $S(t)$ 控制，定时地合上 S，对保持电容 C_H 充放电。因 A_1、A_2 接成电压跟随器，所以此时 $v_O = v_I$。S 打开时，保持电容 C_H 因无放电回路，所以保持采样所获得的输入电压，输出电压亦保持不变。

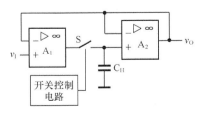

图 11-7　采样-保持电路的原理图

11.2.2　量化和编码

数字信号不仅在时间上是离散的，而且在幅值上也是不连续的。任何一个数字量只能是某个最小数量单位的整数倍。为将模拟信号转换为数字量，在转换过程中还必须把采样—保持电路的输出电压，按某种近似方式归化到与之相对应的离散电平上。这一过程称为数值量化，简称量化。

量化过程中的最小数值单位称为量化单位，用Δ表示。它是数字信号最低位为1，其他位为0时所对应的模拟量，即1LSB。量化过程中，采样电压不一定能被Δ整除，因此量化后必然存在误差。这种量化前后的不等（误差）称之为量化误差，用ε表示。量化误差是原理性误差，只能用较多的二进制位来减小量化误差。

量化的近似方式有只舍不入和四舍五入两种。只舍不入量化方式量化后的电平总是小于或等于量化前的电平，即量化误差ε始终大于 0，最大量化误差为Δ，即ε_{max}=1LSB。采用四舍五入量化方式时，量化误差有正有负，最大量化误差为Δ/2，即$|\varepsilon_{max}|$=LSB/2。显然，后者量化误差小，故为大多数 A/D 转换器所采用。

量化后的电平值为量化单位Δ的整数倍，这个整数用二进制数表示即为编码。量化和编码也是同时进行的。

11.2.3　A/D 转换器

按工作原理不同，A/D 转换器可以分为直接型 A/D 转换器和间接型 A/D 转换器。前者可直接将模拟信号转换成数字信号，这类转换器工作速度快。并行比较型和反馈比较型 A/D 转换器都属于这一类。而后者先将模拟信号转换成中间量（如时间、频率等），然后再将中间量转换成数字信号，转换速度比较慢。双积分型 A/D 转换器则属于这一类。

1. 并行比较型 A/D 转换器

图 11-8 所示为并行比较型 A/D 转换器的结构框图。转换器由 2^n-1 个比较器、2^n-1 位寄存器、优先编码器和能产生 2^n-1 个基准电压的 2^n 个精密电阻组成，图中精密电阻构成的分压电路并未画出，仅标出了比较器基准电压。输入模拟电压 v_1 与各比较器参考电平比较，产生的 2^n-1 位二进制码，通过寄存器寄存，被译码成 n 位二进制数（$D_0 \sim D_{n-1}$），完成模拟信号到数字信号的转换。

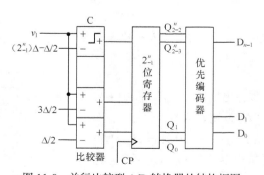

图 11-8　并行比较型 A/D 转换器的结构框图

并行比较型 A/D 转换器的优点是转换速度快，但输出位数每增加一位，所需的电路元件就会翻倍。

2. 反馈比较型 A/D 转换器

反馈比较型 A/D 转换器的基本原理是计数器产生一个二进制数，经过 D/A 转换器将该二进制数转换成模拟电压，此模拟电压和输入模拟电压分别送到比较器的不同输入端进行电压比较，根据比较结果控制计数器状态二进制数逼近输入模拟电压完成 A/D 转换，计数器中二进制数即为 A/D 转换后的数字输出。

逐次比较型 A/D 转换器（见图 11-9）和计数型 A/D 转换器（见图 11-10）都属于反馈比较型 A/D 转换器。前者是在后者的基础上用寄存器和控制逻辑电路取代计数器而成。逐次比较型用最快的方法逼近输入模拟量，而计数型则用计数器递增方式逼近模拟量。显然，逐次比较型 A/D 转换器的转换速度优于计数型 A/D 转换器。

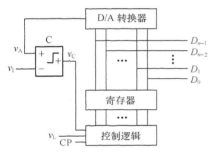

图 11-9 逐次比较型 A/D 转换器

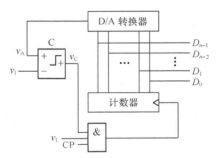

图 11-10 计数型 A/D 转换器

逐次比较型 A/D 转换器开始转换时计数器最高位为 1，D/A 转换器输出 $u_A=1/2$ 最大输出电压与输入电压 v_I 进行比较：若 v_A 大于 v_I 则下个 CP 脉冲后，计数器高位为 0 本位为 1；若 v_A 小于 v_I 则 CP 脉冲来到后，计数器高位保持而本位为 1。也即第二个 CP 后 $v_A=v_{Amax}/4$ 或 $3v_{Amax}/4$，依此类推，最终计数器各位数值被确定。确定 n 位计数器各位值至少需要 n 个时钟周期（T_{CP}），一般一次转换需（$n+2$）个 T_{CP}。

3. 双积分型 A/D 转换器

双积分型 A/D 转换器原理图如图 11-11 所示，由积分电路、比较器、$n+1$ 位计数器和门电路组成。

转换开始，v_L 为高电平，计数器为零。输入模拟信号 v_I 经积分电路第一次积分，经过 2^n-1 个 CP 脉冲 n 位计数器计满，第 2^n 个 CP 后，n 位计数器复位，第 $n+1$ 位计数器置 1，经固定积分时间 $T_1=2^nT_{CP}$ 后，积分电路的输出 v_O 与输入 v_I 成正比。第 $n+1$ 位计数器为 1 后，积分输入改为与输入反极性的固定电压（$-V_{REF}$），进行固定速率的第二次积分，积分电路输出反方向变化。当 v_O 变为 0 时，比较器输出 v_C 为 0，与非门关闭，计数器停止计数，第二次积分时间 T_2 与第一次积分输出成正比，即与停止计数时 n 位计数器中所计数 N 成

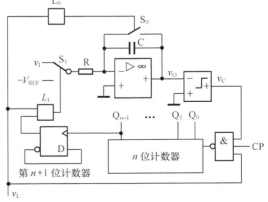

图 11-11 双积分型 A/D 转换器原理图

正比，从而，把模拟输入 v_I 转换成数字输出 $N=D_{n-1}\cdots D_1D_0$。

11.2.4　A/D 转换器的主要技术指标

A/D 转换器的主要技术指标包括转换精度和转换时间等。

1. 转换精度

A/D 转换器也采用分辨率和转换误差来描述转换精度。

（1）分辨率

分辨率是指引起输出数字量变动一个二进制码最低有效位（LSB）时，输入模拟量的最小变化量。它反映了 A/D 转换器对输入模拟量微小变化的分辨能力。在最大输入电压一定时，位数越多，量化单位越小，分辨率越高。

（2）转换误差

转换误差通常用输出误差的最大值形式给出，常用最低有效位的倍数表示，反映了 A/D 转换器实际输出数字量和理论输出数字量之间的差异。

2. 转换时间

转换时间是指从转换控制信号（v_L）到来，到 A/D 转换器输出端得到稳定的数字量所需要的时间。转换时间与 A/D 转换器类型有关，并行比较型一般在几十个纳秒，逐次比较型在几十个微秒，双积分型在几十个毫秒数量级。

在实际应用中，应从数据位数、输入信号极性与范围、精度要求和采样频率等几个方面综合考虑 A/D 转换器的选用。

11.2.5　集成 A/D 转换器

集成 A/D 转换器品种繁多，选用时应综合考虑各种因素。一般逐次比较型 A/D 转换器用得较多，ADC0804 就是这类单片集成 A/D 转换器，它采用 CMOS 工艺 20 引脚集成芯片，分辨率为 8 位，转换时间为 100μs，输入电压范围为 0～5V。芯片内具有三态输出数据锁存器，可直接接在数据总线上。图 11-12 所示为 ADC0804 双排直立式封装引脚图。各引脚名称及作用如下：V_{IN+}、V_{IN-} 为模拟信号输入端；D_7～D_0 为具有三态特性数字信号输出；AGND 为模拟信号地；DGND 为数字信号地；CKLIN 为时钟信号输入端；CLKR 为内部时钟发生器的外接电阻端；CS 为低电平有效的片选端；WR 为写信号输入，低电平启动 A/D

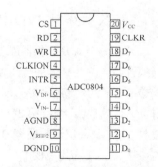

图 11-12　ADC0804 的引脚图

转换；RD 为读信号输入，低电平输出端有效；INTR 为 A/D 转换结束信号，低电平表示本次转换已完成；$V_{REF}/2$ 为参考电平输入，决定量化单位。

【例 11-1】　某信号采集系统要求用一片 A/D 转换集成芯片，在 1s 内对 16 个热电偶的输出电压分时进行 A/D 转换。已知热电偶输出电压范围为 0～0.025V（对应于 0～450℃温度范围），需要分辨的温度为 0.1℃。试问，应选择多少位的 A/D 转换器，其转换时间为多少？

解：对于 0～450℃温度范围，信号电压范围为 0～0.025V，分辨的温度为 0.1℃，这相当于 0.1/450=1/4500 的分辨率。12 位 A/D 转换器的分辨率为 $1/2^{12}$=1/4096，所以必须选用 13 位的 A/D 转换器。系统的取样速率为每秒 16 次，取样时间为 62.5ms。对于这样慢的取样，任何一个 A/D 转换器都可以达到。可以选用带有取样—保持（S/H）的逐次比较型 A/D 转换器。

练习题

（1）A/D 转换器的分辨率和相对精度与什么有关？

（2）在 A/D 转换过程中，取样保持电路的作用是什么？量化有哪两种方法？它们各自产生的量化误差是多少？应该怎样理解编码的含义，试举例说明。

11.3　本章小结

（1）A/D 和 D/A 转换器是现代数字系统的重要部件，应用日益广泛。将表示数字量的有权码每 1 位的代码按其权的大小转换成相应的模拟量，然后将这些模拟量相加，即可得到与数字量成正比的总模拟量，从而实现了 D/A 转换。

（2）D/A 转换器一般由变换网络和模拟电子开关组成。变换网络一般有权电阻变换网络、R-2RT 型电阻变换网络和权电流变换网络等几种。

（3）为了将时间连续和幅值连续的模拟量转换为时间离散、幅值也离散的数字量，A/D 转换一般要经过采样、保持、量化及编码 4 个过程。不同的 A/D 转换方式具有不同的特点，在要求转换速度高的场合，可选用并行 A/D 转换器；在要求精度高的情况下，可采用双积分型 A/D 转换器，当然也可选高分辨率的其他形式 A/D 转换器，但会增加成本。由于逐次比较型 A/D 转换器在一定程度上兼有以上两种转换器的优点，因此得到普遍应用。

（4）A/D 转换器和 D/A 转换器的主要技术参数是转换精度和转换速度，在与系统连接后，转换器的这两项指标决定了系统的精度与速度。目前，A/D 转换器与 D/A 转换器的发展趋势是高速度、高分辨率及易于与微型计算机接口，用于满足各个应用领域对信号处理的要求。

11.4　习题

1. D/A 转换器，其最小分辨电压 V_{LSB}=4 mV，最大满刻度输出电压 V_{Om}=10 V，求这个转换器输入二进制数字量的位数。

2. T 形和倒 T 形电阻网络 D/A 转换器有哪些不同？

3. D/A 转换器的位数有何意义？它与分辨率、转换精度有何关系？

4. A/D 转换器的分辨率和相对精度与什么有关？

5. 在应用 A/D 转换器做模/数转换的过程中，应注意哪些主要问题？如某人用 10 V 的 8 位 A/D 转换器对输入信号为 0.5 V 范围内的电压进行模/数转换，你认为这样使用正确吗？为什么？

参 考 文 献

［1］于亦凡，周祥龙，赵景波，刘金辉. 新编实用电工手册[M]. 北京：人民邮电出版社，2007.

［2］赵景波，周祥龙，于亦凡. 电子技术基础与实训[M]. 北京：人民邮电出版社，2008.

［3］申辉阳，孔云龙. 电工电子技术[M]. 北京：人民邮电出版社，2007.

［4］童诗白，华成英. 模拟电子技术基础（第三版）[M]. 北京：高等教育出版社，2001.

［5］李雅轩. 模拟电子技术[M]. 西安：西安电子科技大学出版社，2001.

［6］胡宴如. 模拟电子技术[M]. 北京：高等教育出版社，2000.

［7］庞学民. 数字电子技术[M]. 北京：清华大学出版社，2005.

［8］周常森，范爱平. 数字电子技术基础（第二版）[M]. 济南：山东科学技术出版社，2005.

［9］康华光. 电子技术基础（第四版）[M]. 北京：高等教育出版社，1999.

［10］阎石. 数字电子技术基础（第四版）[M]. 北京：清华大学出版社，1998.

［11］付植桐. 电子技术[M]. 北京：高等教育出版社，2000.

［12］秦曾煌. 电工学（第四版）[M]. 北京：高等教育出版社，1990.

［13］王济浩. 模拟电子技术基础[M]. 济南：山东科学技术出版社，2003.

［14］庄效恒等. 电子技术[M]. 北京：北京理工大学出版社，2002.

［15］彭端. 应用电子技术[M]. 北京：机械工业出版社，2004.

［16］沈裕钟. 工业电子学（第三版）[M]. 北京：高等教育出版社，2000.

［17］李中发. 电子技术基础[M]. 北京：中国水利出版社，2005.

［18］张惠敏. 数字电子技术[M]. 北京：化学工业出版社，2005.